Die Berechnung der Anheizung und Auskühlung ebener und zylindrischer Wände

(Häuser und Rohrleitungen)

Theorie und vereinfachte Rechenverfahren

Von

Dr.-Ing. W. Esser und Dr.-Ing. O. Krischer

M.-Gladbach Darmstadt

Mit 22 Textabbildungen
und 2 Tafeln

Springer-Verlag Berlin Heidelberg GmbH
1930

ISBN 978-3-662-31437-1 ISBN 978-3-662-31644-3 (eBook)
DOI 10.1007/978-3-662-31644-3

Ursprünglich erschienen bei Julius Springer in Berlin 1930

Additional material to this book can be downloaded from http://extras.springer.com

Druck der Spamerschen Buchdruckerei in Leipzig.

Vorwort.

Das vorliegende Buch ist für die Praxis bestimmt. Nach den angegebenen Methoden können mit Hilfe der Zahlentafeln die für die Wärmeschutztechnik wichtigen Vorgänge der Anheizung und Auskühlung rechnerisch einfach bestimmt werden.

Obwohl für die theoretische Physik die Erfassung und Berechnung beliebiger Wärmeströmung schon seit Fourier möglich ist, mußte sich die Wärmewirtschaft bis vor kurzem mit der mathematisch einfachen Bestimmung des stationären Zustandes der Wärmeströmung begnügen, weil die in der theoretischen Physik üblichen Methoden für den in der Praxis stehenden Ingenieur zu kompliziert sind und ihre Durchführung deshalb zu zeitraubend ist.

Die Erkenntnis, daß erhebliche Fehlschlüsse über den wirtschaftlichen Wert einer Isolierung gemacht werden, wenn man bei periodisch betriebenen Anlagen nur die Wärmeverlustberechnung des stationären Zustandes für die Betriebszeit zugrunde legt, hat in den letzten Jahren zu Bemühungen geführt, durch Näherungsverfahren den Einfluß der unterbrochenen Betriebsweise zu berücksichtigen. Cammerer hat dies durch Verallgemeinerung seiner Versuchsergebnisse getan.

Die hervorragende Übereinstimmung zwischen den Rechnungsergebnissen für den stationären Zustand und den bei Dauerbetrieb praktisch vorliegenden Verhältnissen hat es nahegelegt, auch für unterbrochenen Betrieb ein mathematisches Näherungsverfahren zu finden, das für die Praxis anwendbar ist. Das im ersten Teil des vorliegenden Buches hergeleitete Verfahren ist aus den Methoden der theoretischen Physik gewonnen und zeigt gegenüber den Ergebnissen der exakten analytischen Rechnung nur sehr geringe Abweichungen. Im zweiten Teil der Arbeit wird der experimentelle Nachweis erbracht, daß die theoretischen Formeln den praktischen Vorgang durchaus angemessen erfassen. Durch Zahlentafeln wird der Gebrauch derselben für die Praxis denkbar leicht gemacht.

Das Buch ist entstanden aus den beiden an der Technischen Hochschule Darmstadt eingereichten Dissertationen der Verfasser; die Anregung zu unseren Arbeiten verdanken wir dem leider so früh verstorbenen Herrn Prof. Chr. Eberle. Weiterhin danken wir Herrn Privatdozent Dr.-Ing. I. S. Cammerer für das weitgehende Interesse, das er unseren Arbeiten entgegengebracht hat, und der Verlagsbuchhandlung Julius Springer für die übliche große Sorgfalt bei der Drucklegung.

M.-Gladbach-Darmstadt, im Dezember 1929.

Die Verfasser.

Inhaltsverzeichnis.

Seite

I. Die Auskühlung gerader und zylindrischer Wände (Häuser und Rohrleitungen) aus dem stationären Zustand heraus und die Anheizung derselben bei Zuführung konstanter Heizleistung. Von Dr.-Ing. Otto Krischer . . . 1
- A. Einleitung . . . 1
- B. Auskühlung und Anheizung eines Kerns . . . 4
- C. Auskühlung von Wänden . . . 6
  - a) Anschauliche Betrachtung . . . 6
  - b) Mathematische Betrachtung . . . 8
  - c) Zwischenbetrachtung über „freie" Temperaturbewegung . . . 10
  - d) Endgültige Fassung der Annäherungsgleichungen . . . 12
  - e) Die Auskühlgeschwindigkeit bei Auskühlung aus dem stationären Zustand . . . 13
  - f) Mathematische Bestimmung von ψ (zu Tafel I) und Beispiele . . . 15
  - g) Weiterer Ausbau des Annäherungsverfahrens . . . 20
  - h) Einfluß des inneren Wärmeübergangs . . . 22
  - i) Berechnung inhomogener Systeme nach Tafel I . . . 23
- D. Anheizung von Wänden . . . 24
- Zusammenfassung . . . 26
- Bezeichnungen und Abkürzungen . . . 27
- Literaturverzeichnis . . . 27

II. Vereinfachte Rechenverfahren zur Berechnung der Anheizung und Auskühlung ebener und zylindrischer Wände. Von Dr.-Ing. Wilhelm Esser . . . 28
- A. Experimentelle Untersuchungen über die Auskühlung isolierter Rohrleitungen . . . 28
  - a) Die Versuchseinrichtung . . . 29
  - b) Der Versuchsgang . . . 30
  - c) Die Versuchsergebnisse . . . 31
  - d) Vergleich zwischen der experimentellen und mathematischen Erfassung der Auskühlung . . . 34
  - e) Besprechung der Auskühlversuche von Cammerer . . . 35
- B. Vereinfachte Berechnung der Auskühlung . . . 35
  - a) Die Bestimmungsgröße $\tau_a \delta$ . . . 38
  - b) Die Bestimmungsgröße $\sigma \delta$ . . . 40
  - c) Rechentafel zur Ermittlung des prozentualen Ausstrahlungsverlustes . . . 41
  - d) Zahlentafel über ψ . . . 42
  - e) Einführung und Ermittlung des Koeffizienten der Auskühlung . . . 57
  - f) Zahlentafel über den Auskühlkoeffizienten . . . 59
  - g) Einfluß der einzelnen Faktoren auf den Koeffizienten . . . 76
  - h) Der Wärmeverlust einer Betriebsperiode . . . 80
- C. Bestimmung der Temperaturen nach der Auskühlung . . . 80
- D. Die Anheizung von Wänden und Rohrleitungen . . . 81
- E. Die Wirtschaftlichkeitsberechnungen isolierter Rohrleitungen des periodischen Betriebes . . . 83
  - a) Die Erzeugungskosten der Wärmeverluste . . . 84
  - b) Einfluß der periodischen Betriebsart auf die wirtschaftlichste Isolierung und ihre Gesamtkosten . . . 85
- Verzeichnis der Abkurzungen . . . 88
- Literaturverzeichnis . . . 88

I. Die Auskühlung gerader und zylindrischer Wände (Häuser und Rohrleitungen) aus dem stationären Zustand heraus und die Anheizung derselben bei Zuführung konstanter Heizleistung.

Von Dr.-Ing. **Otto Krischer.**

A. Einleitung.

Fast alle Gebäude und Rohrleitungen werden nur periodisch geheizt. Die während der Heizperiode vom Wärmeträger oder der Heizung gelieferte Wärme wird teils von den Wänden oder der Isolierung aufgespeichert, teils weitergeleitet und an die Außenluft abgegeben. Bei hinreichender Heizzeit (theoretisch unendlich) stellt sich ein Beharrungszustand ein. Dann wird alle Wärme nach außen abgeführt, ohne daß in den Wänden eine weitere Speicherung stattfindet.

Erfahrungsgemäß wird in sehr vielen Fällen während der Heizperiode ein der theoretischen Beharrung sehr naher Zustand erreicht. Es kann dann angenommen werden, der Anfangszustand der Auskühlung, die mit dem Abstellen der Heizung oder des Stromes des Wärmeträgers beginnt, sei der stationäre Zustand. Während der Auskühlung wird die an die Außenluft abgegebene Wärme von der in Isolierung und Wärmeträger aufgespeicherten bestritten.

Es ist für die Wärmewirtschaft von Wichtigkeit, die Wärmeverluste einer periodisch betriebenen Anlage, die Abkühlung in der Ruhezeit, den Einfluß von Beharrungsmassen auf die Abkühlung, die Anheizzeit selten beheizter Anlagen usw. berechnen zu können.

Unter der Annahme konstanter, mindestens von der Temperatur unabhängiger Materialwerte (Leitzahl, spezifisches Gewicht, spezifische Wärme, Wärmeübergangszahl) läßt sich analytisch jedes geometrisch einfache System berechnen. Die Grundlage ist die von Fourier[1] für die Wärmebewegung in homogenen Wänden entwickelte Methode. Aus der Betrachtung der Wärmebewegung in einem Raumelement ergibt sich unter Voraussetzung des Grundgesetzes der Wärmeleitung

$$dQ_x = -\lambda \cdot F \frac{\partial \vartheta}{\partial x} \cdot dt \tag{1}$$

die partielle Differentialgleichung für zeitlich und örtlich veränderliche Wärmebewegung:

$$\frac{1}{a} \cdot \frac{\partial \vartheta}{\partial t} = \frac{\partial^2 \vartheta}{\partial x^2} + \frac{\partial^2 \vartheta}{\partial y^2} + \frac{\partial^2 \vartheta}{\partial z^2}.$$

Bei technischen Rechnungen kann meist die seitliche Strömung vernachlässigt werden, so daß man eine Wärmebewegung nur in einer Richtung (x Koordinate bei geraden Wänden, rein radiale Strömung bei zylindrischen) annimmt.

Dann lautet die Differentialgleichung für einachsige Strömung in einer geraden Wand

$$\frac{1}{a} \frac{\partial \vartheta}{\partial t} = \frac{\partial^2 \vartheta}{\partial x^2} \tag{2a}$$

Anm.: Die Ziffern bei den Eigennamen, wie Fourier[1], beziehen sich auf das am Schluß dieses Abschnittes befindliche Literaturverzeichnis.

und für Zylinder nach Einführung von Polarkoordinaten

$$\frac{1}{a}\frac{\partial\vartheta}{\partial t} = \frac{\partial^2\vartheta}{\partial r^2} + \frac{1}{r}\frac{\partial\vartheta}{\partial r}. \tag{2b}$$

Die hier in Betracht kommenden Lösungen dieser Gleichungen sind

$$\vartheta = bx + c + \sum_{n=1}^{\infty} A_n\{\cos m_n x + p_n \sin m_n x\} e^{-a m_n^2 t} \tag{3a}$$

für gerade Wände und

$$\vartheta = b \ln r + c + \sum_{n=1}^{\infty} A_n\{J_0(m_n r) + p_n Y_0(m_n r)\} e^{-a m_n^2 t} \tag{3b}$$

für zylindrische.

Dabei sind J_0 und Y_0 Besselsche Funktionen erster und zweiter Art*.

Die Konstanten b und c werden aus der Bedingung gefunden, die für das Ende eines Vorganges vorgeschrieben ist (für $t = \infty$ verschwindet die unendliche Reihe).

Von den drei unendlichen Serien von Konstanten A_n, m_n, p_n finden sich die m_n und p_n aus den Bedingungen, welche für die Grenzen der Wand oder der Isolierung vorgeschrieben sind (den Grenz- oder Randbedingungen); die A_n aus der Bedingung, daß Gl. (3a) oder (3b) zu Beginn eines Vorganges ($t=0$) eine bestimmte vorgeschriebene Temperaturverteilung darstellen muß (der Anfangsbedingung).

Eine Erweiterung dieser Methode, die von Fourier nur für einfache Randbedingungen entwickelt war, wurde von Duhamel[2] auf die Berechnung der Wärmebewegung in einer Wand angewandt, welche ein- oder zweiseitig in beliebiger Weise geheizt wird.

Nach dem Verfahren von Recknagel[3] läßt sich die Erwärmung und Abkühlung eines geschlossenen Systems bestimmen, bei welchem der Wärmeträger an der Wärmeaufnahme oder Abgabe beteiligt ist.

Neuere Verfahren gestatten die Berücksichtigung einer gewissen Veränderlichkeit der Materialwerte, jedoch niemals einer Abhängigkeit derselben von der Temperatur.

Abgesehen von den mathematischen Schwierigkeiten, die bei diesen Rechnungen auftreten, und die Vorkenntnisse erfordern, welche weit über den an Hochschulen für Ingenieure üblichen Stoff hinausgehen, sind die konkreten Lösungen mit meist tage-, oft wochenlanger Rechenarbeit verknüpft. Daher kommt ihre Anwendung für die Praxis kaum in Betracht.

Durch die große Bedeutung, welche die Wärmewirtschaft in der letzten Zeit gewonnen hat, ist das Interesse der technischen Wissenschaft auf diese Fragen gelenkt worden.

Zunächst hat E. Schmidt[5] das Verfahren der Differenzenrechnung auf die Wärmebewegung in geraden Wänden angewandt. Er formt die für den eindimensionalen Fall geltende Differentialgleichung (2a) in eine Differenzengleichung um, welche dann lautet

$$\Delta_t\vartheta = a\frac{\Delta t}{(\Delta x)^2}\Delta_x^2\vartheta. \tag{4}$$

Dabei ist dem Δ der betreffende Index zur Kennzeichnung des partiellen Charakters der Differenzenbildung beigefügt. Δx und Δt sind kleine, aber endliche Größen, welche als Einheiten des Zeit- und Längenmaßstabes dienen.

Wird mit $\vartheta_{n,\varkappa}$ die Temperatur an der Stelle $n \cdot \Delta x$ zur Zeit $\varkappa \Delta t$ bezeichnet, so ist

$$\Delta_t\vartheta = \vartheta_{n,\varkappa+1} - \vartheta_{n,\varkappa},$$
$$\Delta_x\vartheta = \vartheta_{n+1,\varkappa} - \vartheta_{n,\varkappa},$$
$$\Delta_x^2\vartheta = \vartheta_{n+1,\varkappa} + \vartheta_{n-1,\varkappa} - 2\vartheta_{n,\varkappa}.$$

Durch Einsetzen dieser Werte in die Differenzengleichung (4) wird die Rekursionsformel gewonnen:

$$\vartheta_{n,\varkappa+1} - \vartheta_{n,\varkappa} = a\frac{\Delta t}{(\Delta x)^2}(\vartheta_{n+1,\varkappa} + \vartheta_{n-1,\varkappa}).$$

---

* Die Werte der Funktionen sind in Jahnke und Emde (Literaturangabe Nr. 13) enthalten Über die Theorie derselben siehe Schafheitlin (Literaturangabe Nr. 12).

In diesem Ausdruck treten auf der rechten Seite nur Temperaturen auf, die zu einer bestimmten Zeit $\varkappa \cdot \Delta t$ an verschiedenen Stellen herrschen. Damit läßt sich dann die Temperatur an der Stelle $n \cdot \Delta x$ für das folgende Zeitelement errechnen.

Diese Gleichung wird graphisch auf sehr einfache Weise gelöst, wenn die Werte Δt und Δx so gewählt werden, daß $a \frac{\Delta t}{(\Delta x)^2} = \frac{1}{2}$ wird. Für diesen Fall — und es ist stets möglich, die Größen Δt und Δx in dieses Verhältnis zu bringen — vereinfacht sich die Rekursionsformel zu

$$\vartheta_{n,\varkappa+1} = \tfrac{1}{2}(\vartheta_{n+1,\varkappa} + \vartheta_{n-1,\varkappa}).$$

So kann man schrittweise die Temperatur einer jeden Stelle für das nächtsfolgende Zeitelement aus den benachbarten Temperaturen sehr einfach bestimmen. Für den im graphischen Rechnen Geübten ist es nicht schwierig, diese Gleichung den verschiedensten Randbedingungen (konstanter oder veränderlicher Wärmeübergangszahl, beliebiger Temperaturbewegung der umgebenden Luft usw.) anzupassen. Darin besteht der größte Vorzug dieses Verfahrens. Es ist noch allgemeiner anwendbar als die analytische Methode und sehr einfach durchzuführen.

Aber es ist stets nötig, wenn man nur eine Größe (Temperatur oder Wärmeverluste usw.) zu bestimmter Zeit wissen will, die Temperaturkurven für alle vorangegangenen Zeitelemente aufzuzeichnen; erst dann ist es möglich, die Temperaturen zu beliebiger Zeit durch Interpolation und die Wärmeverluste durch Ausplanimetrieren zu finden.

Die Genauigkeit hängt außer von der individuellen des Zeichners von der Wahl der Längen- und Zeiteinheit ab. Zudem ist die Methode für zylindrische Strömung nicht mehr anwendbar, da sie nicht mehr auf eine einfache Rekursionsformel führt.

Eine praktische Vereinfachung des Verfahrens hat Matschinsky[6] gebracht. Aus der Betrachtung des Vordringens der Temperaturbewegung in immer tiefere Schichten der Wand ist er zu einer Zerlegung eines Vorganges in zwei Abschnitte gekommen. Wenn die ganze Wand an der Temperaturbewegung teilnimmt, läßt sich die Differenzengleichung (4) integrieren. Der Zustand, von welchem aus die einheitliche Temperaturbewegung beginnt, wird rechnerisch punktweise bestimmt. Die Genauigkeit des Verfahrens ist jedoch geringer als die des graphischen; es ist ebenfalls nur für gerade Wände durchführbar.

Für normale Dampf- und Gasleitungen hat Cammerer[10] auf Grund von Versuchen eine Zahlentafel über die Resttemperaturdifferenz zwischen Rohr und Luft in Prozent des Betriebszustandes aufgestellt, in Abhängigkeit von Auskühlzeit und Rohrdurchmesser, ohne den Einfluß verschiedener Leitfähigkeit und Wärmekapazität der Isolierung sowie verschiedener Wärmeübergangszahlen zu berücksichtigen. Er wollte damit dem Bedürfnis der Praxis nach wenigstens angenäherter Berechnung der Auskühlverluste entsprechen. Es ist selbstverständlich, daß bei Benutzung der Zahlentafel ganz beträchtliche Abweichungen von der Wirklichkeit auftreten, sobald die Materialwerte wesentlich anders sind als bei den Versuchen. Cammerer weist selbst auf die Notwendigkeit hin, die Einflüsse der einzelnen für die Auskühlung bestimmenden Faktoren zu klären*.

Auf Anregung von Herrn Prof. Eberle hat A. Haltmeier[11] versucht, aus den analytischen Gleichungen eine vereinfachte Annäherungsformel zu gewinnen, nach der die Auskühlwärme für gerade und zylindrische Wände, die aus dem stationären Zustand heraus auskühlen, bestimmt werden kann. Ist Q_0^t die von Beginn der Auskühlung ($t = 0$)

* Zu erwähnen sind auch die Arbeiten von Gröber (Literaturangabe Nr. 7 und 8) und Williamson und Adams (Literaturangabe Nr. 9) über die Auskühlung geometrisch einfacher Körper. Unter der Voraussetzung, daß die Temperaturen verschiedener geometrisch anders geformter Körper anfänglich keinerlei örtliche Temperaturunterschiede aufweisen, wurde bei beiden Arbeiten nach der analytischen Methode die Berechnung durchgeführt für verschiedene Änderungen der charakteristischen Größen. Die Ergebnisse sind in Schaubildern dargestellt. Dabei werden die qualitativen Einflüsse wesentlich beleuchtet. Die praktische Anwendung bleibt auf die Fälle beschränkt, für welche die Voraussetzung gilt.

bis zu beliebiger Zeit ($t = t$) von einem System an die Außenluft abgegebene Wärmemenge, so gilt nach der analytischen Methode unter der Voraussetzung, daß das Temperaturniveau der Außenluft gleich Null gesetzt wird, die Gleichung:

$$Q_0^t = -F_a c\gamma \sum_{n=1}^{\infty} \frac{A_n}{m_n^2} [v_n']_{F=F_a} + F_a c\gamma \sum_{n=1}^{\infty} \frac{A_n}{m_n^2} [v_n']_{F=F_a} \cdot e^{-a m_n^2 t}. \tag{5}$$

Dabei ist mit v_n ein Lösungselement der Ortsfunktion des betrachteten Systems bezeichnet, also $v_n = \cos m_n x + p_n \sin m_n x$ für gerade Wände, $v_n = J_0(m_n r) + p_n Y_0(m_n r)$ für zylindrische. $[v_n']_{F=F_a}$ ist die Ableitung des Lösungselementes v_n nach dem Ort an der Außenfläche des Systems ($F = F_a$).

Haltmeier weist nach: erstens, daß die erste unendliche Summe der rechten Seite von Gl. (5) die Speicherwärme im stationären Zustand W_{st} bedeutet; zweitens, daß die Reihe stets gut konvergiert und daß der Fehler bei Berücksichtigung nur des ersten Gliedes bei geraden Wänden stets kleiner als 3,7% ist. Also

$$F_a c\gamma \frac{A_1}{m_1^2} [v_1']_{F=F_a} = W_{st} \pm < 3{,}7\,\%\,.$$

Dann läßt sich die vereinfachte Gleichung schreiben

$$Q_0^t = W_{st}(1 - e^{-a m_1^2 t})\,. \tag{6}$$

Darin ist m_1 die einzige Unbekannte. Zu ihrer Ermittlung hat Haltmeier Tabellen und Kurventafeln für gerade und zylindrische Systeme aufgestellt. Voraussetzung ist, daß der Temperatursprung zwischen Wärmeträger und Innenfläche der Wand vernachlässigt werden kann.

Da aber das erste Glied der rechten Seite von Gl. (5) genau gleich W_{st}, das zweite aber nur angenähert gleich $W_{st} e^{-a m_1^2 t}$, und die Auskühlwärme die Differenz aus beiden, so wird der wirkliche Fehler der Formel für kleine Zeiten ganz beträchtlich (bis 46%). Daher war es nötig, Fehlerkurven der Formel aufzustellen. Abgesehen davon, daß diese den Gebrauch der Formel umständlich machen, sind auch die Kurven- und Zahlentafeln zur Bestimmung von m_1 unhandlich, da sie noch die Kenntnis der Herleitungen voraussetzen.

Wiederum auf Anregung von Herrn Prof. Eberle ist die vorliegende Arbeit entstanden, welche aus der anschaulichen Betrachtung der Wärmebewegung bei Auskühlung und Anheizung einfache Annäherungsformeln herleitet, die es gestatten, Temperaturen und Wärmeverluste oder Speicherwärme leicht aus den Größen des stationären Zustandes zu bestimmen unter Benutzung nur einer Tafel. Die angenäherte Rechnung ist gegenüber der exakten für übliche Fälle auf 1 bis 3% genau. Der größte Fehler im extremsten Fall beträgt zu einem bestimmten bekannten Zeitpunkt ca. 7%. Sowohl vor als nach dieser Zeit wird er rasch verschwindend klein. Vorausgesetzt ist für die Auskühlung, daß sie vom stationären Zustand aus beginne, und für die Anheizung, daß sie von Null oder einem anderen stationären Zustand von niederem Niveau aus beginne und unter Zuführung einer konstanten Heizleistung erfolge. Der Temperatursprung zwischen Wärmeträger und Innenfläche der Wand ist nicht vernachlässigt.

Herrn Prof. Eberle bin ich für Anregung und teilnehmende Förderung der Arbeit zu größtem Dank verpflichtet.

B. Auskühlung und Anheizung eines Kerns.

Gegeben sei ein Blechbehälter vom Volumen V_k und der Oberfläche F, gefüllt mit einer Flüssigkeit (spezifisches Gewicht γ_k, spezifische Wärme c_k) von solcher Leitfähigkeit, daß man annehmen kann, ihr Temperaturniveau sei jederzeit ausgeglichen, weise also keine örtlichen Temperaturunterschiede auf.

Kann die Annahme jederzeit ausgeglichenen Temperaturniveaus für einen Stoff gemacht werden, so wird er künftighin mit Kern bezeichnet, dessen Größen an dem Index k

kenntlich sind. Die Blechwandung sei so dünn im Verhältnis zum Kern, daß von ihrer Speicherung und ihrem Leitwiderstand abgesehen werden kann. Die Wärmeübergangszahl von Kern an Wand sei α_i, die von Wand an Außenluft α_a.

Das Niveau der Außenluft wird in der ganzen Arbeit gleich Null gesetzt, so daß unter allen Temperaturen nur die Übertemperaturen gegenüber der Außenluft verstanden sind.

Wird der Kern beispielsweise durch eine elektrische Heizung von konstanter Heizleistung q_{st} geheizt, so muß die Temperatur ϑ_k des Kerns so lange ansteigen, bis die Wärmeabgabe an die Außenluft $F\frac{\alpha_i\alpha_a}{\alpha_i+\alpha_a}\vartheta_k$ gleich der Heizleistung ist. Die Kerntemperatur im stationären Zustand (die Größen des stationären Zustandes sind durch den Index st gekennzeichnet) ist dann

$$\vartheta_{k\,st}=\frac{q_{st}(\alpha_i+\alpha_a)}{F\cdot\alpha_i\cdot\alpha_a}.$$

Wird, nachdem Beharrung eingetreten ist, die Heizung abgestellt, so wird der Wärmeverlust während eines Zeitelementes $\left(F\frac{\alpha_i\alpha_a}{\alpha_i+\alpha_a}\vartheta_k\,dt\right)$ von der Wärmeabgabe des Kerns $(-V_k c_k \gamma_k\cdot d\vartheta_k)$ gedeckt. Es gilt also die Differentialgleichung

$$F\frac{\alpha_i\alpha_a}{\alpha_i+\alpha_a}\vartheta_k\,dt=-V_k c_k\gamma_k\,d\vartheta_k.$$

Nach Trennung der Veränderlichen erhält man leicht als Lösung

$$\vartheta_k=C\,e^{-\frac{F\alpha_i\alpha_a}{V_k c_k\gamma_k(\alpha_i+\alpha_a)}\cdot t}. \qquad (7a)$$

Aus der Bedingung, daß zu Beginn der Auskühlung $(t=0)$ Beharrungstemperatur $\vartheta_{\varkappa\,st}$ hergestellt war, findet sich $C=\vartheta_{k\,st}$.

Während des Anheizvorgangs muß die Summe aus der während eines Zeitelementes aufgespeicherten Wärme $(V_k c_k\gamma_k d\vartheta_k)$ und der nach außen abgeführten konstant sein, und zwar gleich der Heizleistung $(q_{st}\cdot dt)$. Die Differentialgleichung lautet

$$q_{st}\cdot dt=F\frac{\alpha_i\alpha_a}{\alpha_i+\alpha_a}\vartheta_k\,dt+V_k c_k\gamma_k\,d\vartheta_k.$$

Man erkennt leicht, daß die Gleichung durch die Lösung

$$\vartheta_k=\vartheta_{k\,st}-\vartheta_{k\,st}\,e^{-\frac{F\alpha_i\alpha_a}{V_k c_k\gamma_k(\alpha_i+\alpha_a)}\cdot t} \qquad (7b)$$

befriedigt wird.

Nun ist der Wärmeinhalt im stationären Zustand

$$W_{k\,st}=V_k c_k\gamma_k\vartheta_{k\,st}$$

und der stationäre Wärmestrom

$$q_{st}=F\cdot\frac{\alpha_i\alpha_a}{\alpha_i+\alpha_a}\vartheta_{k\,st}.$$

Daher kann die e-Funktion in den Gl. (7a) und (7b) auch geschrieben werden $e^{-\frac{q_{st}}{W_{k\,st}}}$.

Damit lauten die Temperaturgleichungen für Auskühlen und Anheizen eines Kerns:

für Auskühlen $$\vartheta_k=\vartheta_{k\,st}\,e^{-\frac{q_{st}}{W_{k\,st}}\cdot t}, \qquad (8a)$$

für Anheizen $$\vartheta_k=\vartheta_{k\,st}\left(1-e^{-\frac{q_{st}}{W_{k\,st}}\cdot t}\right). \qquad (8b)$$

Der Wärmefluß nach außen ist, wie man sich leicht überzeugt,

für Auskühlen $$q=q_{st}\,e^{-\frac{q_{st}}{W_{k\,st}}\cdot t}, \qquad (9a)$$

für Anheizen $$q=q_{st}\left(1-e^{-\frac{q_{st}}{W_{k\,st}}\cdot t}\right). \qquad (9b)$$

Die Auskühlwärme Q_0^t, die bis zur Zeit t das System verlassen hat, ist

$$Q_0^t = W_{k\,st}\left(1 - e^{-\frac{q_{st}}{W_{k\,st}} \cdot t}\right). \qquad (10\text{a, b})$$

Die Speicherwärme beim Anheizen, die bis zur Zeit t aufgespeichert ist, wird durch denselben Ausdruck dargestellt.

Auf diese einfachen Grundgleichungen wird mit gewissen Veränderungen die Berechnung aller Systeme zurückgeführt.

Man erkennt aus ihnen, daß die Geschwindigkeit des Anheiz- oder Auskühlvorgangs bei einem Kern nur abhängig ist von dem Verhältnis des Wärmestroms im stationären Zustand zum Wärmeinhalt im stationären Zustand. Sind diese beiden Größen für zwei Systeme gleich, so ist die prozentuale Anheizung oder Auskühlung jederzeit gleich.

C. Auskühlung von Wänden.

a) Anschauliche Betrachtung.

Im vorigen war die Annahme gemacht, Wärmespeicherung und Leitwiderstand der Blechwand könne vernachlässigt werden. Für die Technik liegt stets der allgemeine Fall vor, für den diese Vernachlässigung nicht möglich ist.

Man stellt sich ohne weiteres vor, daß das Abstellen der Heizung nicht im ganzen System im Augenblick des Abstellens wird bemerkbar sein können. Die Wärmebewegung durch eine Wand von endlicher Leitfähigkeit und Wärmekapazität braucht Zeit. Zunächst wird bei Abstellen der Heizung oder des Stromes des Wärmeträgers nur dieser selbst merklich beeinflußt, dann die in der Nähe befindlichen Teile, schließlich das ganze System. Recknagel[4] vergleicht den Vorgang dem Absperren einer Schleuse im Oberlauf. Während dort sehr rasch Ebbe eintritt, erleidet die Stromstärke im Unterlauf noch längere Zeit hindurch keine erhebliche Änderung.

Der Vorgang sei am einfachsten Beispiel näher erläutert: In einem Gebäude, das nur aus Außenwänden bestehen soll, sei der stationäre Zustand durch langes Heizen eingestellt. Die Wände seien so groß, daß von den Ecken, Fenstern usw. abgesehen werden kann. Die Wandinnentemperatur im stationären Zustand sei ϑ_{ist}. Die äußere Wärmeübergangszahl α_a sei so groß im Verhältnis zur Leitzahl der Wand, daß sie relativ unendlich groß angenommen werden darf. Es herrsche also, da das Niveau der Außenluft gleich Null gesetzt ist, an der Außenfläche stets eine Temperatur von Null Grad.

Dann ist, wenn der Nullpunkt des Koordinatensystems an der Innenfläche gewählt wird, die Gerade des stationären Zustandes dargestellt durch die Gleichung

$$\vartheta_{st} = \vartheta_{ist} - \frac{\vartheta_{ist}}{\delta} x$$

und der Strom des stationären Zustandes

$$q_{st} = \frac{\lambda}{\delta} \vartheta_{ist}.$$

Als Heizung denke man eine Warmluftheizung. Der Raum sei sonst vollständig leer; von dem sehr geringen Wärmeinhalt der Luft werde abgesehen, so daß die nach Abstellen der Heizung nach außen abgegebene Wärme ausschließlich vom Wärmeinhalt der Wände selbst genommen werden muß. Das System bestehe also nur aus Außenwänden ohne Kern.

Zur Zeit $t = 0$ werde die Heizung abgestellt. Bis zu diesem Zeitpunkt fließt an jeder Stelle der Wand der Strom des stationären Zustandes. Von jetzt ab fließt innen (an der obersten Spitze der Temperaturgeraden) nichts mehr zu. Denkt man sich die Wand in verschiedene Schichten 1, 2, 3, ... zerlegt (Abb. 1), so muß die Wärme, die im ersten Zeitelement von Schicht 2 weiter nach außen geführt wird ($q_{st}\,\Delta t$), von der der Innenfläche der Wand unmittelbar benachbarten Schicht 1 genommen werden. Diese muß sich also zunächst abkühlen. Da durch die Innenfläche der Wand keine Wärme mehr einströmt, muß das Wärmegefälle, welches den Transport bewirkt, dort gleich Null werden. Die Auskühlkurven müssen also dort ihr Maximum haben. Durch jede Fläche der Wand fließt die Wärme, welche alle vorhergehenden Schichten während eines Zeitelementes abgeben. An der Außenfläche muß daher das Gefälle jederzeit am größten sein. Und das anfängliche Gefälle (das des stationären Zustandes), welches absolut das größte ist, das bei dem Vorgang auftritt, muß dort am längsten erhalten bleiben.

Im weiteren Verlauf der Auskühlung müssen immer größere Bereiche der Wand zum Bestreiten der ausfließenden Wärme herangezogen werden. Schließlich wird keine Stelle der Wand mehr von der Wirkung der Auskühlung verschont bleiben. Dann wird auch eine wesentliche Änderung des Charakters der Temperaturverteilung nicht mehr stattfinden können, sondern die Temperaturen aller Punkte der Wand werden sich ähnlich erniedrigen, wie man aus Abb. 1 sieht, welche nach dem Schmidtschen Verfahren konstruiert ist*.

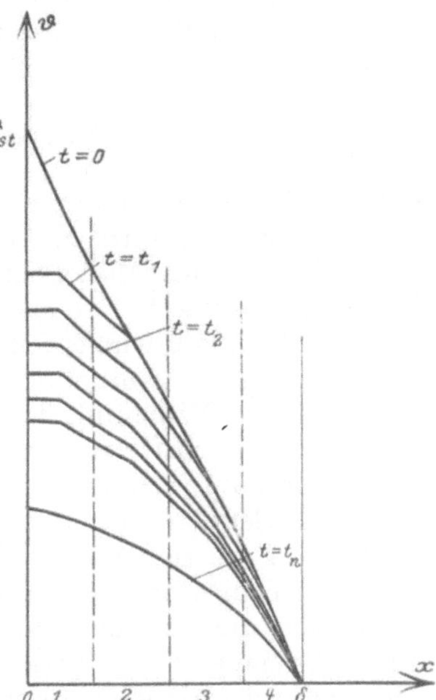

Abb. 1. Auskühlung einer ebenen Wand.

Demzufolge wird man gewissermaßen einen Abschnitt im Verlauf der Auskühlung annehmen können: Im ersten Teil des Vorgangs geben nur Teile der Wand Wärme von ihrem Wärmeinhalt ab, im zweiten die ganze Wand; im ersten bleibt an der Außenfläche angenähert der Strom des stationären Zustandes erhalten, im zweiten ändert er sich mit der Tangente an die jeweilige Temperaturkurve. Wie schnell die einheitliche Erniedrigung der Temperaturen im zweiten Teil vor sich geht, muß abhängen von Wärmestrom und Wärmeinhalt. Da zweifellos der anfängliche Wärmestrom der größte ist, so wird dem System anfänglich am meisten entnommen. Die Auskühlung geht rasch vor sich, um sich mit dem Absinken der Temperaturen und des Gefälles immer mehr zu verlangsamen. Asymptotisch nähern sich Temperaturen und Wärmestrom dem Wert Null.

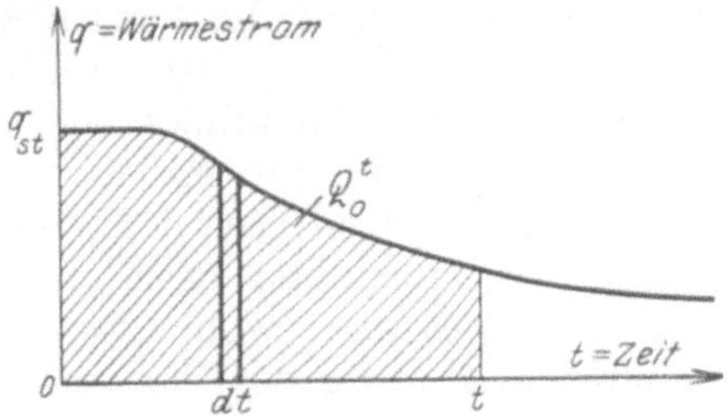

Will man die Abhängigkeit des austretenden Wärmestroms von der Zeit durch eine Kurve darstellen, so muß sie ungefähr den Charakter von Abb. 2 aufweisen. Die Auskühlwärme Q_0^t, die bis zur Zeit t das System verlassen hat, ist gleich dem Integral

$$\int_0^t q\,dt.$$

Abb. 2. Zeitlicher Verlauf der Wärmeabgabe.

Die mathematische Aufgabe ist es, den stetigen Übergang der Linie des stationären Zustandes in eine andere Kurvenform zu bestimmen**. Die Beschreibung der Umlagerung der Temperaturverteilung aber macht die hauptsächlichsten mathematischen Schwierigkeiten.

* Diese Betrachtungsweise stimmt mit der Matschinskyschen überein. Seine Arbeit war mir bei der Abfassung der vorliegenden jedoch nicht bekannt. Die Methoden, die zur Berechnung führen, sind grundverschieden.

** Einen sehr anschaulichen Vergleich für einen solchen Übergang bietet die Sanduhr, bei der man stets beobachten kann, daß sich, wenn unten der Sand auszufließen beginnt, oben zunächst ein Trichter bildet, der nach dem Rande zu fortschreitet, ohne daß vom Rand selbst Sand fortfließt. Erst wenn ein gewisser, nur örtlich veränderlicher Böschungswinkel erreicht ist, erniedrigt sich die Oberfläche im ganzen.

b) Mathematische Betrachtung.

Es ist nötig, kurz auf die Mittel einzugehen, mit denen mathematisch eine solche Umlagerung beschrieben wird.

Kühlt ein System so aus, daß am Ende der Auskühlung keinerlei Übertemperatur gegenüber der Außenluft, deren Niveau gleich Null gesetzt wird, vorhanden ist, so gehen die Gl. (3a) und (3b) über in

$$\vartheta = \sum_{n=1}^{\infty} A_n v_n e^{-a m_n^2 t} = A_1 v_1 e^{-a m_1^2 t} + A_2 v_2 e^{-a m_2^2 t} + \cdots, \tag{11}$$

wobei die Lösungselemente v_n Sinus- und Cosinusfunktionen für gerade Wände $(v_n = \cos m_n x + p_n \sin m_n x)$, Besselsche Funktionen für zylindrische $[v_n = J_0(m_n r) + p_n Y_0(m_n r)]$ sind. Man nennt sie kurz die „Eigenfunktionen" des betreffenden Systems.

Gl. (11) besagt:

1., daß nur schwingende Funktionen zur Beschreibung des Vorganges herangezogen werden können. Damit wird der wirkliche Auskühlvorgang — d. h. das praktische Verschwinden des Wärmeinhaltes eines Systems in dem relativ unendlich großen der umgebenden Luft — auf den Ausgleich von abwechselnd positiv und negativ gleichen Wärmeinhalten im homogen gedachten Wandmaterial zurückgeführt.

2., daß der Charakter der einzelnen Eigenfunktionen v_n — ihre Frequenz (gegeben durch m_n), Lage der Maxima, Minima und Nullstellen (bestimmt durch p_n), beides aus den Grenzbedingungen zu finden — während des ganzen Vorgangs erhalten bleibt.

Da aber die Frequenz der einzelnen Eigenfunktionen verschieden ist — sie wird mit höherer Ordnungszahl n größer —, geschieht der Ausgleich der verschiedenen Eigenfunktionen mit verschiedener Geschwindigkeit, infolge des jedem Gliede beigeordneten Zeitfaktors $e^{-a m_n^2 t}$. Die Glieder mit höherer Frequenz, deren Konstanten A_n übrigens fast stets rasch kleiner werden, müssen sich also sehr viel rascher erniedrigen und praktisch verschwinden als dasjenige mit der Ordnungszahl 1, welches schließlich allein übrigbleibt.

So wird durch die Summe einzelner Vorgänge, die mit verschiedener Geschwindigkeit erfolgen, die Umlagerung einer anfänglichen Temperaturverteilung in eine andere beschrieben. Es folgt, daß jede beliebige anfängliche Temperaturverteilung mit der Zeit in eine solche übergeht, deren Charakter durch die erste Eigenfunktion v_1 festgelegt ist. Im weiteren Verlauf des Vorganges wird der Charakter nicht mehr wesentlich geändert.

Nach den Überlegungen, welche oben bei der anschaulichen Betrachtung der Wärmebewegung beim Auskühlen aus dem stationären Zustand heraus angestellt wurden, müßte diese Kurvenform im wesentlichen erreicht sein, wenn der erste Abschnitt der Auskühlung beendet ist, d. h. wenn keine Stelle der Wand sich mehr der Wirkung der Auskühlung entziehen kann.

Nun ist es aber wohl selbstverständlich, daß ein so scharfer Abschnitt, wie er oben zur Kennzeichnung des Vorgangs angenommen wurde, aus Stetigkeitsgründen nicht eintreten kann.

Wir wollen daher die Betrachtung umkehren und sagen: Wenn der Vorgang der Auskühlung so scharfe Abschnitte hätte, dann müßte der Strom des stationären Zustandes an der Außenfläche so lange erhalten bleiben, bis eine die Linie des stationären Zustandes tangierende Eigenfunktion Av_1 sich eingestellt hätte, deren Charakter sich im weiteren Verlauf nicht mehr zu ändern braucht — d. h. m_1 und p_1 müssen den Randbedingungen genügen. Für die weitere Auskühlung muß dann die Temperaturbewegung nach der Gleichung

$$\vartheta = A v_1 e^{-a m_1^2 (t - t_u)} \tag{12}$$

vor sich gehen. Darin bedeutet t_u diejenige Zeit, welche vergeht, bis die Umlagerung der Temperaturverteilung praktisch vollzogen ist.

Ist W_{fr} der Wärmeinhalt des Systems in dem zur Zeit t_u angenommenen Zustand Av_1, so ist, da bis zur Zeit t_u an der Außenfläche des Systems die Stromstärke des stationären Zustandes angenommen wird, t_u leicht aus dem Unterschied zwischen Anfangswärmeinhalt W_{st} und W_{fr} gefunden:

$$t_u = \frac{W_{st} - W_{fr}}{q_{st}}. \tag{13}$$

Aus Abb. 3 ist die Abweichung der für den Zeitpunkt t_u angenommenen Kurve Av_1 von der für t_u analytisch aus der Summengleichung (11) bestimmten Kurve für den extremsten Fall einachsiger Strömung bei geraden Wänden zu ersehen. Abb. 3 gilt für gerade Wand ohne Kern, $\tau_a = \frac{\alpha_a}{\lambda} = \infty$.

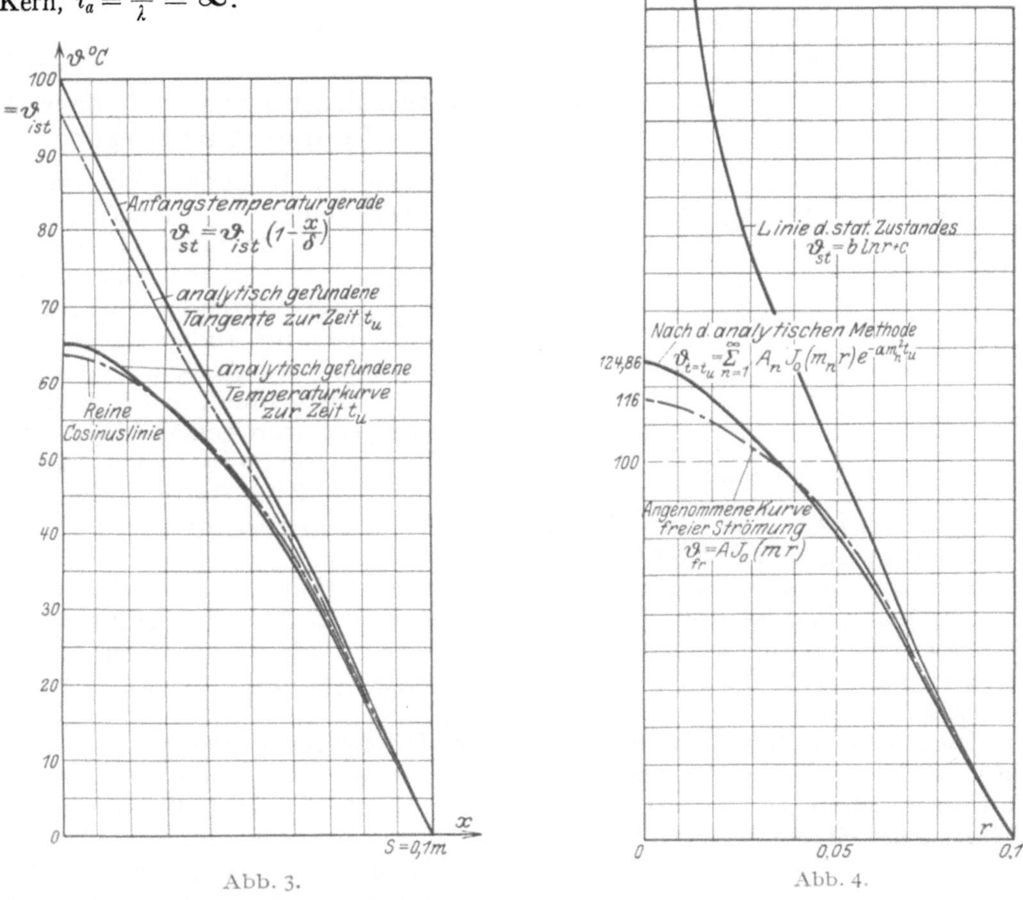

Abb. 3. Abb. 4.

Abb. 3 und 4. **Vergleich der Näherungsrechnung mit der exakten für extremste Fälle.**

Die Kurve Av_1 ist eine reine Cosinuslinie, welche die Gerade des stationären Zustandes in δ tangiert. Die größte Abweichung (an der Innenfläche $x = 0$) beträgt ca. 3%.

Abb. 4 zeigt den extremsten Fall für zylindrische Strömung. Sie gilt für einen Vollzylinder, in welchem der stationäre Zustand durch eine in der Achse befindliche Wärmequelle von unendlicher Temperatur vorausgesetzt war ($\tau_a = \infty$). Die Eigenfunktion Av_1 ist eine Besselsche Kurve erster Art $AJ_0(m_1 r)$, welche die logarithmische Linie außen tangiert. Die größte Abweichung der Eigenfunktion von der durch die Summe [Gl. (11)] bestimmten Kurve beträgt ca. 7% (in der Achse). Das ist absolut der größte Fehler, der durch die Näherungsrechnung für gerade und zylindrische Systeme hervorgerufen werden kann.

Abb. 5 zeigt die Darstellung von Gl. (12) (gestrichelte Kurve) im Vergleich zu Gl. (11) (ausgezogene Kurven) für einen mittleren Fall; dargestellt ist die Temperatur in Abhängigkeit von Zeit und Ort, gültig für eine gerade Wand ohne Kern von der Dicke $\delta = 0{,}1$ und einer Überleitgröße $\tau_a = \frac{\alpha_a}{\lambda} = 10$. Die Abweichungen sind nur für einen gewissen Zeitabschnitt nahe t_u zeichnerisch zur Geltung zu bringen. Für den Zeitpunkt t_u, für den sie am größten sind, liefert die angenäherte Methode für die Innentemperatur 76,2° statt 76,7°, für die Außentemperatur 50° statt 48,9°, für die ausgeflossene Wärmemenge $Q_0^t = 83$ statt 81,5 kcal.*

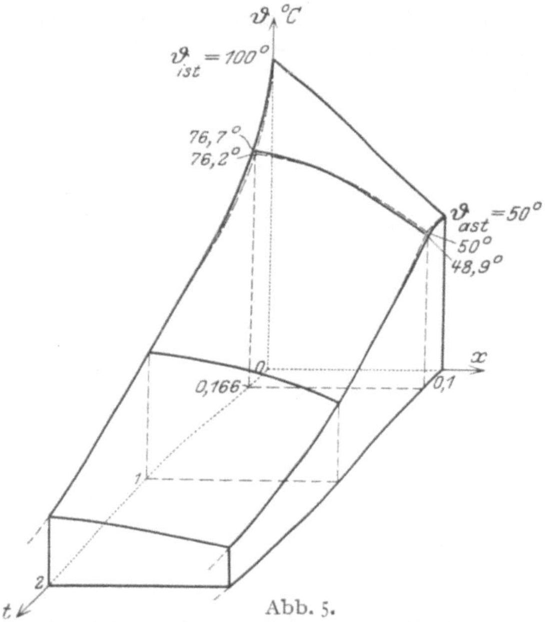

Die angenäherte Methode liefert stets für die Innentemperaturen etwas zu kleine Werte, für die Außentemperaturen und die Wärmeverluste etwas zu große.

Abb. 5.
$\vartheta = f(x, t)$ für exakte und angenäherte Rechnung.

c) Zwischenbetrachtung über „freie" Temperaturbewegung.

Nach dem bisherigen kann die angenäherte Berechnung der Auskühlung von Wänden mit einem Zustand Av_1, welcher zur Zeit $t = t_u$ angenommen wird, begonnen werden; der Charakter der Temperaturverteilung in der Wand ändert sich dann im weiteren Verlauf der Auskühlung nicht mehr, sondern es tritt eine ähnliche Erniedrigung aller Temperaturen gemäß Gl. (12) ein.

Eine Temperaturbewegung, bei der mit der Zeit keine Änderung des Kurvencharakters eintreten kann, wird im folgenden mit „freier" Temperaturbewegung oder freier Strömung bezeichnet.

Derjenige Zustand, der durch eine die Linie des stationären Zustandes tangierende Eigenfunktion Av_1 dargestellt ist, wird der erste Zustand freier Strömung genannt, dessen Größen durch den Index fr gekennzeichnet sind; es wird also unter ϑ_{fr} die Temperaturverteilung $\vartheta_{\text{fr}} = Av_1$, unter W_{fr} der Wärmeinhalt des Systems im ersten Zustand freier Strömung verstanden.

Demgemäß stellt der eingangs betrachtete Fall der Auskühlung eines Kerns auch einen Fall freier Temperaturbewegung dar, da nach Annahme mit der Zeit keine Änderung der örtlichen Temperaturverteilung eintritt. Es sollen jetzt die allgemeinen Gleichungen freier Strömung in die Form der Gl. (8), (9), (10) gebracht werden und die anschaulichen Grundlagen, welche die Berechnung aller beliebigen Systeme gestatten, eingeführt werden.

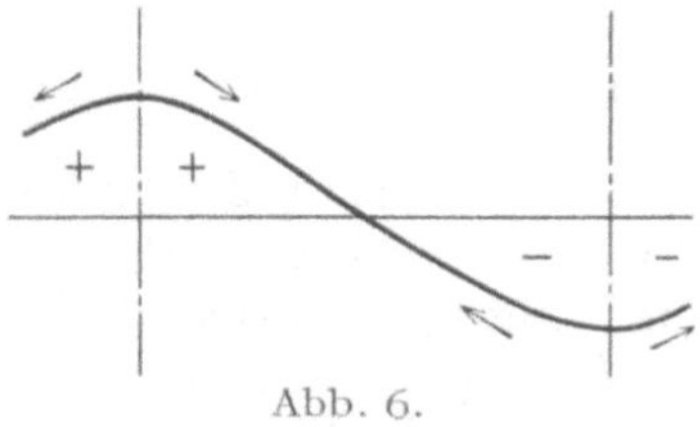

Abb. 6.

Beachtet man, daß nur schwingende Funktionen $A_n v_n$ als Lösungen der Differentialgleichungen (2a) und (2b) eine Wärmeverteilung in einer Wand darstellen können, deren Charakter sich mit der Zeit nicht ändert, so sieht man leicht ein, daß für die Darstellung eines Zustandes freier Strömung in einem einseitig auskühlenden System nur Kurvenabschnitte von einem Maximum bis zur nächsten Nullstelle in Betracht kommen. Denn im Maximum und an der Nullstelle einer schwingenden Funktion kehrt sich die Strömungsrichtung um (Abb. 6).

Satz 1: Allen in freier Strömung einseitig auskühlenden Systemen entströmt bei gleichem anfänglichem Wärmeinhalt und gleichem an-

* Die zahlenmäßige Nachrechnung aller angeführten Beispiele sowie die ins einzelne gehenden Nachweise des folgenden sind in der Originalarbeit T. H. Darmstadt enthalten.

fänglichem Wärmestrom auch im Laufe der Zeit die gleiche Wärmemenge. Die Auskühlgeschwindigkeit ist nur abhängig von dem Verhältnis von Strom zu Inhalt.

Der Nachweis werde hier nur für gerade Wände geführt. (Der etwas umständlichere für zylindrische ist in der Originalarbeit enthalten.)

Gegeben sei in einer geraden Wand ohne Kern, von der Dicke δ und der Oberfläche F, eine Temperaturverteilung freier Strömung

$$\vartheta_{\mathrm{fr}} = A \cos m x ,$$

m genüge den Randbedingungen. Die Wand kühlt aus nach der Gleichung

$$\vartheta = \vartheta_{\mathrm{fr}} e^{-a m^2 t} = A \cos m x \, e^{-a m^2 t}.$$

Dann ist der Wärmestrom des Anfangszustandes an der Außenfläche ($x = \delta$)

$$q_{\mathrm{fr}} = -F \lambda \left[\frac{d \vartheta_{\mathrm{fr}}}{d x}\right]_{x=\delta} = F \lambda \cdot A \cdot m \cdot \sin m \delta$$

und der anfängliche Wärmeinhalt:

$$W_{\mathrm{fr}} = F \cdot c \gamma \int_0^\delta A \cos m x \cdot d x = F \cdot c \gamma \frac{A}{m} \sin m \delta .$$

Es folgt

$$\frac{q_{\mathrm{fr}}}{W_{\mathrm{fr}}} = \frac{\lambda}{c \gamma} m^2 = a m^2. \tag{14}$$

Daher müssen, entsprechend den Gl. (8a), (9a) (10a), die Gleichungen gelten

$$\vartheta = \vartheta_{\mathrm{fr}} e^{-\frac{q_{\mathrm{fr}}}{W_{\mathrm{fr}}} t} , \tag{15}$$

$$q = q_{\mathrm{fr}} e^{-\frac{q_{\mathrm{fr}}}{W_{\mathrm{fr}}} t} , \tag{16}$$

$$Q_0^t = W_{\mathrm{fr}} \left(1 - e^{-\frac{q_{\mathrm{fr}}}{W_{\mathrm{fr}}} t}\right), \tag{17}$$

aus denen der Inhalt des angeführten Satzes folgt.

Nun sei angenommen, ein System bestehe aus Wand und Kern und kühle aus, ohne daß in der Wand eine Änderung des Kurvencharakters eintritt, also in freier Strömung. Zur Darstellung eines Zustandes der Temperaturbewegung in der Wand kommt wiederum nur ein Abschnitt einer Eigenfunktion $A v_1$ in Frage, welche nach der Gleichung $A v_1 e^{-a m_1^2 t}$ abklingt. Aber die Kurve kann an der Grenze zwischen Wand und Kern kein Maximum haben; denn die Wärmeabgabe des Kerns wird an der Grenze in die Wand hineingeleitet, das ist ja als Grenzbedingung für die Grenze zwischen Wand und Kern zur Bestimmung von m_1 anzusetzen. Damit dies sein kann, muß Gefälle vorhanden sein.

Nun denke man statt des Kerns das Wandmaterial beliebig weit ausgedehnt und darin die Kurve freier Strömung verlängert. Die Wirkung einer solchen Verteilung im so erweiterten, homogen gedachten Wandmaterial auf den betrachteten Wandabschnitt muß die gleiche sein wie die des Kerns; denn dadurch wird an der Gleichung $\vartheta = A v_1 e^{-a m_1^2 t}$ nichts geändert. Es liegt ja nach dem oben Gesagten (siehe S. 8) in dem Prinzip der mathematischen Lösung, daß sie die Wirkung der Grenzbedingungen durch die Wirkung einer periodischen Temperaturverteilung im homogen gedachten Material ersetzt. Wenn nun nach dem eben Hergeleiteten [Gl. (15)] für jeden Abschnitt einer Kurve freier Strömung vom Maximum an bis zu einer beliebigen Stelle die Gleichung gilt

$$\vartheta = A v_1 e^{-\frac{q_{\mathrm{fr}}}{W_{\mathrm{fr}}} t} ,$$

worin q_{fr} der an dieser Stelle herrschende Wärmestrom, W_{fr} der Wärmeinhalt vom Maximum bis zu dieser Stelle bedeutet, so muß sie auch gelten an der Grenze zwischen Wand und Kern; und es folgt notwendig, daß der Wärmeinhalt von der Grenze bis zum Maximum im homogen gedachten Wandmaterial gleich dem des Kerns sein muß.

Werden dieselben Überlegungen für eine Wand aus verschiedenen Schichten bestehend durchgeführt, so folgt:

Satz 2: Besteht ein System aus Schichten von verschiedenem Material, so muß die rückwärtige Verlängerung (entgegen der Strömungsrichtung) einer jeden Kurve, welche einen Zustand freier Strömung in einer Schicht darstellt, bis zu ihrem Scheitel im homogen gedachten Material dieser Schicht die Summe der Wärmeinhalte der hinter ihr liegenden Schichten fassen.

d) Endgültige Fassung der Annäherungsgleichungen.

Gemäß Gl. (15) kann nun Gl. (12), welche die Auskühlung aus dem stationären Zustand bestimmt, geschrieben werden

$$\vartheta = \vartheta_{fr}\, e^{-\frac{q_{fr}}{W_{fr}}(t-t_u)}. \tag{18}$$

Bedenkt man, daß die Linie freier Strömung ϑ_{fr} die Linie des stationären Zustandes ϑ_{st} an der Außenfläche des Systems tangiert, so folgt $q_{fr} = q_{st}$. W_{fr} ist der Wärmeinhalt im ersten Zustand freier Strömung, also derjenige, den ein System noch hat, wenn die Umlagerung der Temperaturverteilung praktisch vollzogen ist. Er ist ein gewisser Teil ψ des anfänglichen W_{st}. (ψ wird später mathematisch bestimmt. Eine ausführliche Zahlentafel im II. Teil des Buches bringt die ψ-Werte für alle geraden und zylindrischen Systeme.)

Es werde also gesetzt

$$W_{fr} = \psi \cdot W_{st}. \tag{19}$$

Damit geht Gl. (18) über in

$$\vartheta = \vartheta_{fr}\, e^{-\frac{q_{st}}{\psi W_{st}}(t-t_u)}, \tag{20}$$

worin nach Gl. (13)

$$t_u = (1-\psi)\frac{W_{st}}{q_{st}}. \tag{21}$$

Die Temperaturverteilung ϑ_{fr} ist

$$\vartheta_{fr} = A\cos m x + B \sin m x \quad \text{für gerade Wände,} \tag{22}$$

$$\vartheta_{fr} = A J_0(m r) + B\, Y_0(m r) \quad \text{für zylindrische.} \tag{23}$$

Darin ist nach Gl. (14)

$$m = \sqrt{\frac{c\gamma \cdot q_{st}}{\lambda \cdot \psi \cdot W_{st}}}. \tag{24}$$

Die Konstanten A und B sind so zu bestimmen, daß ϑ_{fr} die Linie des stationären Zustandes außen tangiert; d. h. erstens muß die Temperatur an der Außenfläche $F = F_a$ (d. i. für gerade Wände $x = \delta$, wenn der Koordinatenanfang an der Innenfläche gewählt wird, für zylindrische $r = r_a$) gleich der im stationären Zustand ϑ_{ast} sein; zweitens muß das Gefälle $-\left[\frac{d\vartheta_{fr}}{dx}\right]_{x=\delta}$ bzw. $-\left[\frac{d\vartheta_{fr}}{dr}\right]_{r=r_a}$ so groß sein, daß der Strom des stationären Zustandes fließt. Daraus ergeben sich die Gleichungen

für ger. Wände

$$\left.\begin{aligned} A\cos m\delta + B\sin m\delta &= \vartheta_{ast}, \\ F_a \cdot \lambda \cdot m(A\sin m\delta - B\cos m\delta) &= q_{st}. \end{aligned}\right\} \tag{25}$$

Wird für zylindrische Systeme von der Beziehung

$$\frac{dJ_0(mr)}{dr} = -m J_1(mr); \qquad \frac{dY_0(mr)}{dr} = -m Y_1(mr)$$

Gebrauch gemacht[12], so ergibt sich

für zyl. Wände

$$\left.\begin{aligned} A J_0(m r_a) + B Y_0(m r_a) &= \vartheta_{ast}, \\ F_a \cdot \lambda \cdot m\{A J_1(m r_a) + B Y_1(m r_a)\} &= q_{st}. \end{aligned}\right\} \tag{26}$$

Aus diesen Gleichungspaaren sind die Konstanten A und B leicht bestimmt und die Temperaturverteilung ist festgelegt. Die Bestimmung des Wärmestromes und der Auskühlwärme zu beliebiger Zeit ist bei Kenntnis von ψ ohne weitere Zwischenrechnung möglich. Für den Wärmestrom ergibt sich

$$q = q_{st}\, e^{-\frac{q_{st}}{\psi \cdot W_{st}}(t-t_u)}. \tag{27}$$

Die Auskühlwärme setzt sich aus zwei Gliedern zusammen: Bis zur Zeit t_u hat $(1 - \psi) W_{st}$ das System verlassen. Von da ab bis zur beliebigen Zeit t nach Gl. (17)

$$\psi W_{st}\left(1 - e^{-\frac{q_{st}}{\psi W_{st}}(t-t_u)}\right).$$

Daraus folgt

$$Q_0^t = W_{st}\left\{1 - \psi\, e^{-\frac{q_{st}}{\psi W_{st}}(t-t_u)}\right\}. \tag{28}$$

e) Die Auskühlgeschwindigkeit bei Auskühlung aus dem stationären Zustand.

Nach den angeführten Gleichungen ist außer den Größen des stationären Zustandes ψ die einzige Größe, welche auf die Auskühlgeschwindigkeit einen Einfluß hat. Es sei zunächst betrachtet, wie ψ vom äußeren Wärmeübergang und vom Kern abhängt, dann wie ψ die Auskühlgeschwindigkeit beeinflußt.

Einfluß des äußeren Wärmeübergangs auf ψ.

In Abb. 7 ist eine gerade Wand ohne Kern dargestellt, bei welcher ein veränderliches Verhältnis von äußerer Wärmeübergangszahl α_a zur Leitfähigkeit λ angenommen ist. Die Geraden geben den stationären Zustand an, die Kurven den ersten Zustand freier Strömung. Dieser wird hier dargestellt durch Cosinuslinien, welche die Geraden außen ($x = \delta$) tangieren und, da kein Kern angenommen wird, innen ($x = 0$) ihr Maximum haben. Man sieht, daß mit abnehmender Überleitgröße $\left(\frac{\alpha_a}{\lambda} = \tau_a\right)\psi$ größer wird. ψ ist ja gegeben durch das Verhältnis der Flächen unter den Cosinuslinien zu denen unter den zugehörigen Geraden. Für $\tau = 0$ (d. h. $\lambda = \infty$) ist $\psi = 1$. Dann liegt der oben besprochene Fall der Auskühlung eines Kerns vor; der kleinste Wert von ψ für gerade Wände tritt für $\tau_a = \infty$ auf und beträgt 0,81 (siehe Abb. 3). Für einen Vollzylinder, in dem der stationäre Zustand durch eine Wärmequelle von unendlicher Temperatur in der Achse hergestellt gedacht ist, bei einer äußeren Überleitgröße $\tau_a = \infty$ (siehe Abb. 4) ist $\psi = 0{,}69$. Das ist der kleinste Betrag von ψ, der für gerade und zylindrische Wände auftreten kann.

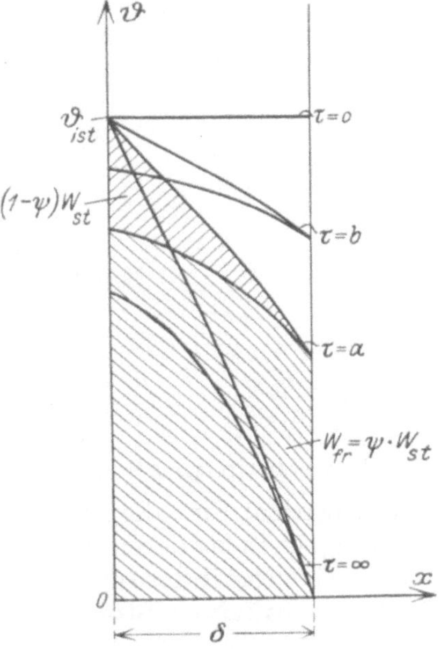

Abb. 7. Einfluß von α auf ψ.

Einfluß des Kerns auf ψ.

Der Einfluß des Kerns ist leicht zu übersehen. Ist der Wärmeinhalt des Kerns so groß im Verhältnis zu dem der Wand, daß letzterer vernachlässigbar klein ist, so ist $\psi = 1$ [siehe Gl. (8a)]. Dann kühlt das System von Anfang an in freier Strömung aus. Ist der Wärmeinhalt des Kerns gegenüber dem der Wand vernachlässigbar klein, so ist ψ nur durch die äußere Überleitgröße τ_a bestimmt.

Einfluß von ψ auf die Auskühlgeschwindigkeit.

Ist ψ kleiner als 1 — und nach obigem kann es nur zwischen 0,69 und 1 liegen —, so heißt dies, daß eine gewisse Zeit $t_u = (1 - \psi)\frac{W_{st}}{q_{st}}$ nötig ist, bis die Umlagerung der Temperaturverteilung aus der des stationären Zustandes in die des ersten Zustandes freier Strömung vollzogen ist. Dann erst kühlt der Rest in freier Strömung aus. Während der Zeit t_u bleibt an der Außenfläche die Stärke des stationären Stromes erhalten; je kleiner also ψ, desto länger bleibt sie erhalten; länger natürlich nur in bezug auf die gesamte Dauer der Auskühlung.

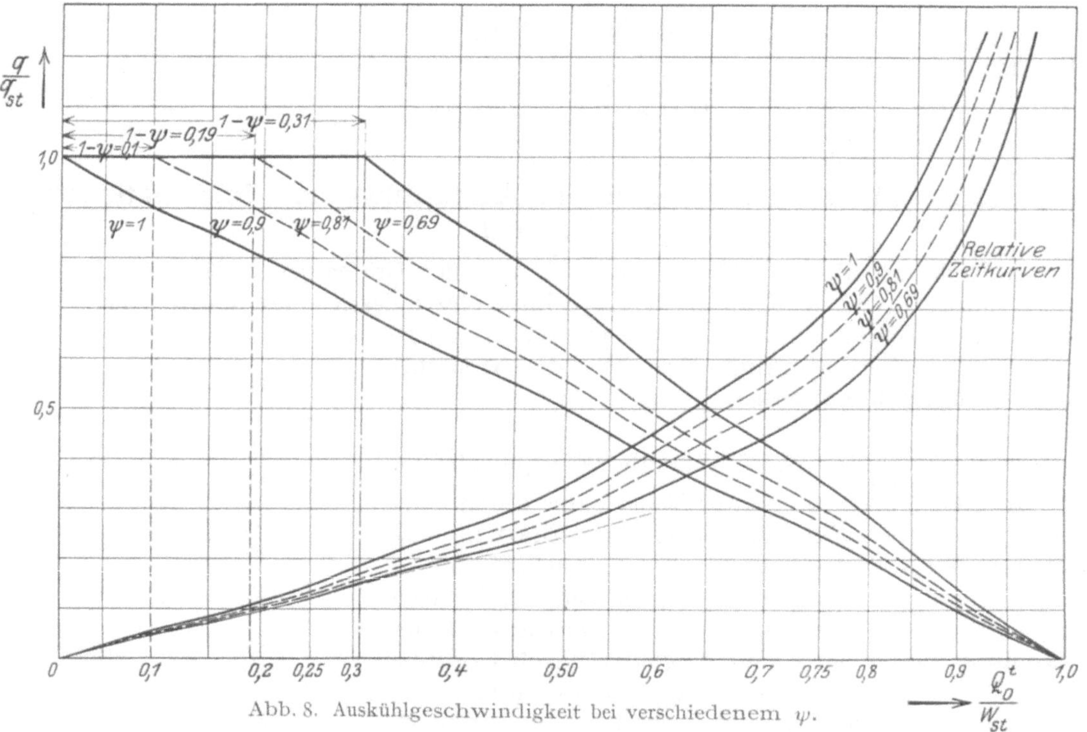

Abb. 8. Auskühlgeschwindigkeit bei verschiedenem ψ.

Es treten ja in allen diesen Rechnungen nur Verhältnisgrößen auf $\frac{\alpha}{\lambda}$, $\frac{\lambda}{c\gamma}$, $\frac{q_{st}}{W_{st}}$ usw. Daher durchlaufen alle Systeme von anfänglich gleicher Wärmeverteilung die gleichen Stadien, nur in anderen Zeiten. Man kann, wie dies bei allen Vorgängen üblich ist, bei denen die Verminderung einer Größe der Größe selbst proportional ist (wie bei dem Zerfall radioaktiver Stoffe usw.), ein Maß wie Halbwertzeit, Viertelwertzeit usw. einführen. Dieses Maß ist hier die relative oder prozentuale Auskühlung $\frac{Q_0^t}{W_{st}}$, das Verhältnis der ausgeflossenen Wärme zum anfänglichen Wärmeinhalt. Mit Einführung einer solchen Zeitrechnung ist die Auskühlung aller Systeme mit anfänglich gleicher Wärmeverteilung völlig gleich.

Um die Auskühlgeschwindigkeiten zu vergleichen, ist in Abb. 8 das Verhältnis des jeweiligen Wärmestroms q an der Außenfläche eines Systems zu dem des stationären Zustandes q_{st}, also $\frac{q}{q_{st}}$ in Abhängigkeit von der relativen Auskühlung $\frac{Q_0^t}{W_{st}}$ für verschiedene Systeme aufgezeichnet. Unterschieden sind sie nur durch ψ. Für $\psi = 1$ kühlt ein System von vornherein in freier Strömung aus. Dann nimmt das Verhältnis $\frac{q}{q_{st}}$ linear ab in bezug auf $\frac{Q_0^t}{W_{st}}$. (Das ist selbstverständlich, da für halbe Auskühlung einer stets ausgeglichenen

Wärmemasse [Kern] auch die Temperatur auf die Hälfte der ursprünglichen gesunken sein muß, mithin auch der Wärmestrom, welcher der Temperatur proportional ist).

Ist ein System nicht im Zustand freier Strömung ($\psi < 1$), so verläßt nach Annahme der gewissermaßen „überschüssige" Wärmeinhalt $(1 - \psi) W_{st}$ das System mit der Stärke des stationären Stromes. Das heißt: bis zur relativen Auskühlung $\frac{Q_0^t}{W_{st}} = 1 - \psi$ muß die Kennlinie $\frac{q}{q_{st}}$ waagerecht verlaufen. Dann nimmt sie, da der weitere Vorgang in freier Temperaturbewegung erfolgt, linear ab. Man sieht daraus, je kleiner ψ ist, desto größer ist die Auskühlgeschwindigkeit für jeden Wert der relativen Auskühlung.

Um einen Vergleichswert für die Auskühlzeiten zu geben, sind in den vier Kurven, die die Geraden kreuzen, Zeiten dargestellt, die verschiedene Systeme nötig haben, um einen beliebigen Betrag der relativen Auskühlung bei gleichem q_{st} und gleichem W_{st} zu erreichen. Auch dies sind keine wirklichen Zeiten, sondern nur Verhältniswerte. Das Verhältnis der Ordinaten für einen gewissen Wert der relativen Auskühlung gibt das Verhältnis der wirklichen Zeiten an.

Die erste (oberste) Kurve ist die der freien Strömung ($\psi = 1$), eine reine e-Kurve gemäß der Gleichung

$$\frac{Q_0^t}{W_{st}} = 1 - e^{-\frac{q_{st}}{W_{st}} t}.$$

Die unterste gehört zu dem minimalen Wert $\psi = 0{,}69$. Bis $\frac{Q_0^t}{W_{st}} = 1 - \psi = 0{,}31$ ist sie eine Gerade, welche die e-Kurve für $\psi = 1$ im Nullpunkt tangiert, dann eine e-Kurve von anderem (größerem) Exponenten als die erste, entsprechend der Gleichung

$$\frac{Q_0^t}{W_{st}} = 1 - \psi e^{-\frac{q_{st}}{\psi W_{st}}\left\{t - (1-\psi)\frac{W_{st}}{q_{st}}\right\}}.$$

Um also einen gewissen Wert der relativen Auskühlung zu erreichen, brauchen beide Systeme verschiedene Zeiten. Um beispielsweise auf halbe Auskühlung zu kommen, braucht dasjenige mit $\psi = 0{,}69$ eine Zeit, die sich zu der für $\psi = 1$ verhält wie $5{,}2 : 7$.

Zusammenfassend ist zu sagen, daß bei Auskühlung aus dem stationären Zustand Systemen von gleichem anfänglichen Wärmeinhalt und gleichem anfänglichen Wärmestrom nicht jederzeit die gleiche Wärmemenge entströmt. Durch die Verschiedenheit von ψ, welches von der anfänglichen Wärmeverteilung im System abhängt, können Unterschiede der relativen Auskühlung zu bestimmter Zeit bis zu ca. 25% auftreten.

f) Mathematische Bestimmung von ψ (zu Tafel I).

Bisher sind die Einflüsse, durch welche ψ bestimmt wird, qualitativ beleuchtet. Zur Aufstellung einer Tafel, aus der ψ für alle geraden und zylindrischen Systeme abzulesen ist, muß die mathematische Bestimmung durchgeführt werden. ψ ist ja das gewissermaßen geometrische Verhältnis des Wärmeinhaltes im ersten Zustand freier Strömung, welcher durch eine die Linie des stationären Zustandes außen tangierende Eigenfunktion gegeben ist, zu dem im stationären Zustand.

Zur Aufstellung der Tafel wurde angenommen, zwischen Wand und Kern bestehe kein Temperatursprung ($\alpha_i = \infty$). Durch nachträgliche Änderung einer Kerngröße wird im folgenden der Gültigkeitsbereich der Tafel auch auf Systeme mit endlicher innerer Wärmeübergangszahl ausgedehnt.

Bisher stehen zur Berechnung von ψ die beiden Gl. (19) und (14) zur Verfügung.

$$\psi = \frac{W_{fr}}{W_{st}}, \tag{19}$$

$$\frac{q_{st}}{W_{fr}} = a m_1^2, \tag{14}$$

es folgt

$$\psi = \frac{q_{st}}{a m_1^2 W_{st}}. \tag{29}$$

Die Größen des stationären Zustandes q_{st} und W_{st} lassen sich leicht auf allgemeine Kenngrößen zurückführen.

Nennt man $\tau_a = \frac{\alpha_a}{\lambda}$ die äußere Überleitgröße, die unbenannte Zahl $\tau_a\delta$ das Überleitverhältnis (δ = Wandstärke = $r_a - r_i$ für Hohlzylinder), so ist

$$\text{für gerade Wände} \qquad q_{st} = F_a \frac{\lambda \cdot \vartheta_{k\,st}}{\delta\left(1 + \frac{1}{\tau_a \delta}\right)}, \tag{30a}$$

$$\text{für zylindrische Wände} \qquad q_{st} = 2\pi l \frac{\lambda \cdot \vartheta_{k\,st}}{\ln\frac{r_a}{r_i} + \frac{1}{\tau_a r_a}}. \tag{30b}$$

Der Wärmeinhalt im stationären Zustand setzt sich zusammen aus dem des Kerns (Index k) und dem der Wand (ohne Index) und läßt sich darstellen durch die Gleichungen*:

für gerade Wände

$$W_{st} = V_k c_k \gamma_k \vartheta_{k\,st} + F_i c\gamma \vartheta_{k\,st} \frac{\delta}{2}\left(\frac{\tau_a\delta + 2}{\tau_a\delta + 1}\right), \tag{31a}$$

für zylindrische Wände

$$W_{st} = V_k c_k \gamma_k \vartheta_{k\,st} + \frac{l \cdot 2\pi \cdot c\gamma}{\ln\frac{r_a}{r_i} + \frac{1}{\tau_a r_a}} \cdot \vartheta_{k\,st}\left\{\frac{r_a^2}{2}\left(\frac{1}{\tau_a r_a} + \frac{1}{2}\right) - \frac{r_i^2}{2}\left(\ln\frac{r_a}{r_i} + \frac{1}{\tau_a r_a} + \frac{1}{2}\right)\right\}. \tag{31b}$$

Führt man ein $\frac{F_i c\gamma}{V_k c_k \gamma_k} = \sigma$ = reziproke Zuflußgröße, die unbenannte Zahl $\sigma\delta$ = reziprokes Zuflußverhältnis, worin F_i die Grenzfläche zwischen Kern und Wand ($F_i = 2\pi r_i l$ für Zylinder) bedeutet, und setzt die aus den Gl. (30a) und (30b) und (31a) und (31b) gefundenen Werte in Gl. (29) ein, so ergibt sich nach längeren Umformungen:

für gerade Wände

$$\psi = \frac{1}{(m_1\delta)^2} \frac{2\tau_a\delta}{\left\{\frac{2}{\sigma\delta}(\tau_a\delta + 1) + \tau_a\delta + 2\right\}}, \tag{32a}$$

und für zylindrische Wände

$$\psi = \frac{1}{(m_1\delta)^2} \frac{4\tau\delta\left(\frac{r_a}{r_i} - 1\right)^2}{\tau_a\delta\left\{\left(\frac{r_a}{r_i}\right)^2 - 2\ln\frac{r_a}{r_i} - 1 + \frac{4}{\sigma\delta}\left(\frac{r_a}{r_i} - 1\right)\ln\frac{r_a}{r_i}\right\} + 2\left\{\left(\frac{r_a}{r_i}\right)^2 - 1 + \frac{2}{\sigma\delta}\left(\frac{r_a}{r_i} - 1\right)\left(1 - \frac{r_i}{r_a}\right)\right\}}. \tag{32b}$$

Es bleibt die Größe $m_1\delta$ zu ermitteln.

Wie oben gesagt, wird m aus den Grenzbedingungen gefunden.

Führt man als innere Grenzbedingung ein: „Die Wärme, welche der Kern während eines Zeitelementes abgibt, wird in unmittelbarer Nähe der Grenze in der Wand weitergeleitet", so führt dies auf die Gleichung

$$\left[\frac{v}{v'}\right]_{F=F_i} = -\frac{\sigma}{m^2}, \tag{33a}$$

worin $v = \cos mx + p\sin mx$ bzw. $v = J_0(mr) + pY_0(mr)$ ist und v' die Ableitung von v nach x bzw. r.

Die äußere Grenzbedingung lautet allgemein: „Die Wärme, die an die Außenfläche des Systems herangeleitet wird, geht durch Wärmeübergang an die umgebende Luft über". Sie ergibt

$$\left[\frac{v'}{v}\right]_{F=F_a} = -\tau_a, \tag{33b}$$

aus den beiden Gleichungen wird m und p gefunden.

---

* Siehe Fußnote S. 10.

Für m ergibt sich

für gerade Wände $$m\delta \cdot \operatorname{tg} m\delta = \tau_a\delta - \frac{(m\delta)^2 + (\tau_a\delta)^2}{\sigma\delta + \tau_a\delta}, \tag{34a}$$

für zylindrische Wände $$\frac{J_0'(mr_a) + \tau_a J_0(mr_a)}{\Psi_0'(mr_a) + \tau_a \Psi_0(mr_a)} = \frac{J_0(mr_i) + \frac{\sigma}{m^2} J_0'(mr_i)}{\Psi_0(mr_i) + \frac{\sigma}{m^2} \Psi_0'(mr_i)}. \tag{34b}$$

Aus diesen transzendenden Gleichungen ergeben sich für m unendlich viele Werte, von denen hier nur der erste gebraucht wird.

Aus Gl. (34a) sieht man sofort, daß $m\delta$ nur abhängig ist von dem Überleitverhältnis $\tau_a\delta$ und dem reziproken Zuflußverhältnis $\sigma\delta$.

Gl. (34b) kann man leicht in eine Form bringen, in welcher nur noch die Größen $m\delta$, $\tau_a\delta$, $\sigma\delta$, $\frac{r_a}{r_i}$ auftreten. [Die Radien r_a und r_i werden durch ihr Verhältnis $\frac{r_a}{r_i}$ und die Wandstärke $\delta = r_a - r_i$ bestimmt. Bei Ausführung der Differentiation in Gl. (34b) ist

$$J_0'(mr) = -m J_1(mr), \quad Y_0'(mr) = -mY_1(mr)].$$

Da in Gl. (32a) und (32b) für ψ ebenfalls nur die gleichen Abhängigkeiten auftreten, so ist ψ nur abhängig von dem Verhältnis der Radien $\frac{r_a}{r_i}$, dem äußeren Überleitverhältnis $\tau_a\delta = \frac{\alpha_a}{\lambda}\delta$, und dem reziproken Zuflußverhältnis $\sigma\delta = \frac{F_i c\gamma\delta}{V_k c_k \gamma_k}$. Diese Abhängigkeit nach den Gl. (32a) und (32b) ist in Tafel I dargestellt.

Der besseren Ablesegenauigkeit wegen ist in Tafel I der kleinere Wert $1 - \psi$ aufgetragen. Durch entsprechende Interpolation läßt sich aus ihr ψ bisher für jede homogene Wand mit Kern bestimmen, wenn der Temperatursprung zwischen Wand und Kern vernachlässigbar klein ist. Die Ablesung der ψ-Werte ist jedoch noch leichter und viel genauer möglich aus der ausführlichen Zahlentafel im II. Teil des Buches.

1. Beispiel.

Es sollen Wärmeverluste pro Meter Rohrlänge und Abkühlung in der Ruhezeit einer periodisch betriebenen Warmwasserleitung bestimmt werden.

Betriebszeit 14 st, Ruhezeit 10 st.

Außenlufttemperatur 20°, Warmwassertemperatur bei Betrieb 80° (d. h. Übertemperatur $\vartheta_{k\,st} = 60°$).

Der Temperatursprung zwischen Wasser und Eisen kann vernachlässigt werden. Für Wasser und Eisenrohr kann die Annahme gemacht werden, daß die Temperatur über den Querschnitt keine örtlichen Unterschiede aufweist, d. h. Wasser und Eisen sind in bezug auf die Isolierung der Kern. Da die Wärmekapazität für Wasser ($c\gamma \sim 1000$) und für Eisen ($c\gamma \sim 1010$) nicht sehr verschieden ist, kann für den Kern angenommen werden $c_k\gamma_k = 1000$.

Dimensionen und Materialwerte der Isolierung:

$$r_i = 0{,}05; \quad r_a = 0{,}1; \quad \lambda = 0{,}1; \quad \frac{r_a}{r_i} = 2; \quad \delta = r_a - r_i = 0{,}05; \quad c\gamma = 72.$$

Die äußere Wärmeübergangszahl sei $\alpha_a = 20$, also $\tau_a = \frac{\alpha_a}{\lambda} = 200$.

Die Kenngrößen, von welchen ψ abhängig ist, sind

$$\frac{r_a}{r_i} = 2; \quad \tau_a\delta = 10; \quad \sigma\delta = \frac{2\pi r_i \cdot c\gamma \cdot \delta}{r_i^2\pi \cdot c_k\gamma_k} = 0{,}144.$$

Man liest aus Tafel I den Wert $1 - \psi = 0{,}034$ ab.

Also $\psi = 0{,}966$.

Tafel I.

$$1-\psi = f\left(\tau\delta,\ \sigma\delta,\ \frac{r_a}{r_i}\right).$$

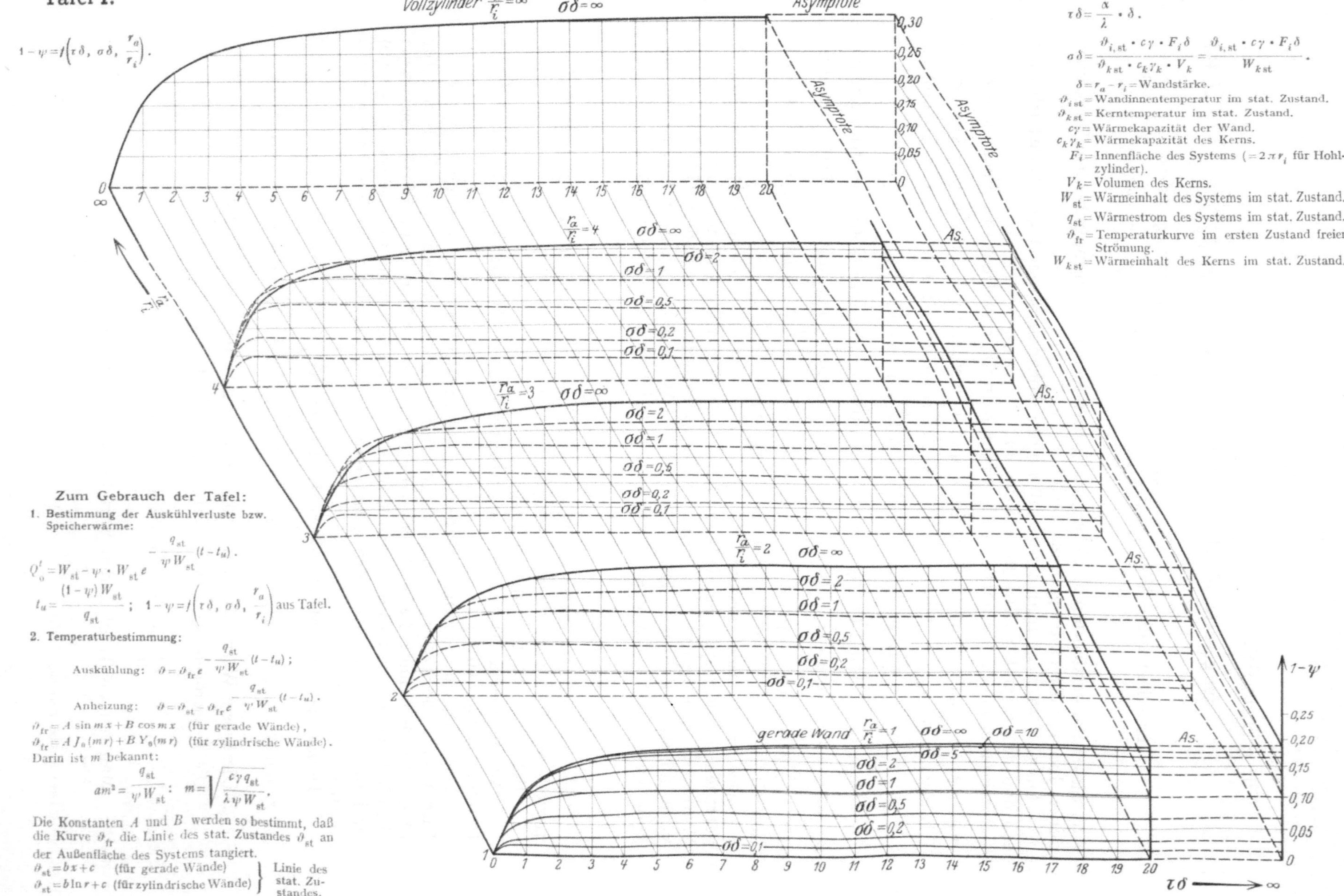

Bezeichnungen:

$$\tau\delta = \frac{\alpha}{\lambda}\cdot\delta.$$

$$\sigma\delta = \frac{\vartheta_{i,st}\cdot c\gamma\cdot F_i\delta}{\vartheta_{k\,st}\cdot c_k\gamma_k\cdot V_k} = \frac{\vartheta_{i,st}\cdot c\gamma\cdot F_i\delta}{W_{k\,st}}.$$

$\delta = r_a - r_i$ = Wandstärke.
$\vartheta_{i\,st}$ = Wandinnentemperatur im stat. Zustand.
$\vartheta_{k\,st}$ = Kerntemperatur im stat. Zustand.
$c\gamma$ = Wärmekapazität der Wand.
$c_k\gamma_k$ = Wärmekapazität des Kerns.
F_i = Innenfläche des Systems ($=2\pi r_i$ für Hohlzylinder).
V_k = Volumen des Kerns.
W_{st} = Wärmeinhalt des Systems im stat. Zustand.
q_{st} = Wärmestrom des Systems im stat. Zustand.
ϑ_{fr} = Temperaturkurve im ersten Zustand freier Strömung.
$W_{k\,st}$ = Wärmeinhalt des Kerns im stat. Zustand.

Zum Gebrauch der Tafel:

1. Bestimmung der Auskühlverluste bzw. Speicherwärme:

$$Q_0^t = W_{st} - \psi\cdot W_{st}\, e^{-\frac{q_{st}}{\psi W_{st}}(t-t_u)}.$$

$$t_u = \frac{(1-\psi)\,W_{st}}{q_{st}};\quad 1-\psi = f\left(\tau\delta,\ \sigma\delta,\ \frac{r_a}{r_i}\right) \text{ aus Tafel.}$$

2. Temperaturbestimmung:

Auskühlung: $\vartheta = \vartheta_{fr}\, e^{-\frac{q_{st}}{\psi W_{st}}(t-t_u)}$;

Anheizung: $\vartheta = \vartheta_{st} - \vartheta_{fr}\, e^{-\frac{q_{st}}{\psi W_{st}}(t-t_u)}$.

$\vartheta_{fr} = A\sin mx + B\cos mx$ (für gerade Wände),
$\vartheta_{fr} = A\,J_0(mr) + B\,Y_0(mr)$ (für zylindrische Wände).
Darin ist m bekannt:

$$am^2 = \frac{q_{st}}{\psi W_{st}};\quad m = \sqrt{\frac{c\gamma q_{st}}{\lambda\psi W_{st}}}.$$

Die Konstanten A und B werden so bestimmt, daß die Kurve ϑ_{fr} die Linie des stat. Zustandes ϑ_{st} an der Außenfläche des Systems tangiert.

$\vartheta_{st} = bx + c$ (für gerade Wände)
$\vartheta_{st} = b\ln r + c$ (für zylindrische Wände)
} Linie des stat. Zustandes.

Die Größen des stationären Zustandes werden nach den Gl. (30b) und (31b) bestimmt zu:

$$q_{st} = 2\pi \frac{0,1 \cdot 60}{\ln 2 + \frac{1}{20}} = 50,7 \text{ kcal/mst},$$

$$W_{st} = 0,05\,\lambda \cdot \pi \cdot 1000 \cdot 60 + \frac{2\pi \cdot 72}{\ln 2 + \frac{1}{20}} \cdot 60 \cdot \left\{\frac{0,1^2}{2}\left(\frac{1}{20} + \frac{1}{2}\right) - \frac{0,05^2}{2}\left(\ln 2 + \frac{1}{20} + \frac{1}{2}\right)\right\}$$

$$= 471 + 43,75 = 515 \text{ kcal/mlänge}.$$

Damit kann die Auskühlwärme für 10 Stunden Q_0^{10} sofort berechnet werden nach Gl. (28)

$$Q_0^{10} = 515\left\{1 - 0,966\, e^{-\frac{50,7}{0,966 \cdot 515}(10 - t_u)}\right\},$$

worin t_u nach Gl. (21)

$$t_u = 0,034 \cdot \frac{515}{50,7} = 0,346 \text{ st}$$

(d. h. noch 0,346 st nach Beginn der Auskühlung bleibt die Stärke des stationären Stromes außen erhalten).

Also $$Q_0^{10} = 515 \cdot 0,627 = 323 \text{ kcal/mlänge}.$$

Die Ermittlung der Wassertemperatur nach 10stündiger Ruhezeit erfordert die Bestimmung des ersten Zustandes freier Strömung in der Isolierung ϑ_{fr}.

Nach Gl. (23) ist

$$\vartheta_{fr} = A\,J_0(mr) + B\,Y_0(mr).$$

Nach Gl. (24)

$$m = \sqrt{\frac{72 \cdot 50,7}{0,966 \cdot 0,1 \cdot 515}} = 8,57.$$

In dem Gleichungspaar (26) werden die Besselschen Funktionen $J_0(mr_a)$ und $Y_0(mr_a)$ bzw. J_1 und Y_1 aus den Tabellen von Jahnke und Emde[13] eingesetzt ($mr_a = 0,857$).

Es ergeben sich zur Bestimmung der Konstanten A und B die beiden Gl. (26)

$$A \cdot 0,8247 + B \cdot 0,0440 = \vartheta_{a\,st} = \frac{q_{st}}{2\pi r_a \alpha_a} = 4,04,$$

$$2\pi \cdot 0,1 \cdot 8,57(A \cdot 0,3940 - B \cdot 1,3916) = 50,7.$$

Es folgt: $A = 8,384$, $B = -65,25$.

Damit ist ϑ_{fr} festgelegt:

$$\vartheta_{fr} = 8,384 \cdot J_0(mr) - 65,25 \cdot Y_0(mr).$$

Die Wassertemperatur im ersten Zustand freier Strömung $\vartheta_{k\,fr}$ ist nach Annahme gleich der Innenwandtemperatur $\vartheta_{i\,fr}$ am Radius $r = r_i$. Also mit $mr_i = 0,4285$

$$\vartheta_{k\,fr} = \vartheta_{i\,fr} = 8,384 \cdot J_0(0,4285) - 65,25 \cdot Y_0(0,4285) = 57,75°.$$

Die weitere Auskühlung erfolgt nach Gl. (20).

Also ist nach 10 st die Wassertemperatur (Übertemperatur)

$$\vartheta_k = \vartheta_{k\,fr}\, e^{-\frac{q_{st}}{\psi W_{st}}(10 - t_u)} = 57,75 \cdot 0,373 = 21,5°.$$

2. Beispiel.

Für eine Dampfleitung von den gleichen Abmessungen und den gleichen Materialwerten sind die Auskühlverluste nach 10stündiger Ruhezeit zu bestimmen.

Der Wärmeinhalt des Dampfes ist so gering, daß er gegenüber dem weitaus größeren des Eisenrohres (1,5 mm Wandstärke) und der Isolierung vernachlässigt werden kann. Das Eisenrohr, welches jetzt allein als Kern anzusehen ist, habe im Betriebszustand (also zu Beginn der Auskühlung) eine Temperatur von 200° (Übertemperatur $\vartheta_{k\,st} = 180°$).

Demnach ist

$$q_{st} = 152{,}1 \text{ kcal/m, st},$$

$$W_{st} = 87 (\text{Eisenrohr}) + 131 (\text{Isolierung}) = 218 \text{ kcal/m}.$$

Die Kenngrößen zur Bestimmung von ψ sind

$$\frac{r_a}{r_i} = 2, \qquad \tau_a \delta = 10, \qquad \sigma \delta = \frac{2\pi \cdot 0{,}05 \cdot 72 \cdot 0{,}05}{\pi (0{,}05^2 - 0{,}0485^2)\, 1000} = 2{,}4.$$

Aus Tafel I findet sich

$$1 - \psi = 0{,}194; \qquad \psi = 0{,}806.$$

Dann ist

$$Q_0^{10} = 218 \left(1 - 0{,}806\, e^{-\frac{152{,}1}{0{,}806 \cdot 218}(10 - t_u)}\right),$$

$$t_u = \frac{0{,}194 \cdot 218}{152{,}1} = 0{,}278 \text{ st},$$

$$Q_0^{10} = 218 (1 - 0{,}00018) = \backsim 218 \text{ kcal}.$$

Während also die Warmwasserleitung bei 10stündiger Ruhezeit nur eine prozentuale Auskühlung von ca. 63% hat, ist die Dampfleitung fast völlig ausgekühlt. Der weitaus überwiegende Einfluß liegt in dem erheblich ungünstigeren Verhältnis $\frac{q_{st}}{W_{st}}$ für die Dampfleitung.

Man kann annehmen, daß für die beiden Beispiele die Berechnung fast mathematisch exakt ist. Bei dem ersten ist ψ sehr groß (0,966) und für $\psi = 1$ sind ja die Formeln exakt richtig. Beim zweiten ist ψ verhältnismäßig klein, dafür die relative Auskühlung groß. Für den Zeitpunkt t_u darf man bei $\psi \backsim 0{,}8$ einen Fehler für $Q_0^{t_u}$ von ca. 3 bis 4% annehmen, der aber bei weitergehender Auskühlung fast völlig verschwindet.

Die folgenden Ausführungen werden zeigen, daß nach den Annäherungsformeln unter Benutzung von Tafel I ebenso Systeme, bei denen der Temperatursprung zwischen Wand und Kern nicht vernachlässigbar klein ist, berechnet werden können, wie auch solche, die aus verschiedenen Schichten bestehen. Das ist wichtig zur Berechnung der Auskühlung bei Anwendung von Beharrungsmassen, zur Bestimmung des Einflusses der Anordnung von verschiedenen Isolierstoffen, der Auskühlung von Rohrleitungen in der Erde, der Auskühlung von normalen Zimmern und Häusern und für viele andere Fragen.

g) Weiterer Ausbau des Annäherungsverfahrens.

Bisher ist die Vorstellung des Auskühlvorganges folgendermaßen entwickelt: Die Temperaturbewegung breitet sich in der Wand immer weiter aus; wenn sie die ganze Wand ergriffen hat, setzt die „freie" Temperaturbewegung ein (siehe S. 10ff.), deren erster Zustand (zur Zeit t_u) durch eine die Linie des stationären Zustandes außen tangierende Eigenfunktion Av_1 gegeben ist. Somit beginnt die Berechnung zur Zeit t_u.

Obwohl in der Praxis nur wenige Fälle vorkommen, in denen die Auskühlung für kleinere Zeiten als t_u zu bestimmen, ist es für die Berechnung von Systemen, welche aus verschiedenen Schichten bestehen, notwendig, die Vorstellung der Temperaturbewegung bis zur Zeit t_u auszubauen.

In Konsequenz der bisherigen Ergebnisse kann mit guter Annäherung stets angenommen werden: Bis zur Zeit t_u ist ein Teil von der Auskühlung betroffen, der andere nicht; die Kurven, durch welche die Temperaturverteilung in dem betroffenen Teil dargestellt wird, sind Eigenfunktionen Av, welche an der Grenze zwischen betroffenem und nichtbetroffenem Teil die Linie des stationären Zustandes tangieren und der inneren Grenzbedingung genügen*.

---

* Diese Annahme ist derjenigen, welche durch die Differenzenrechnung gemacht wird, sehr ähnlich; nur werden hier statt der gebrochenen Linienzuge analytische Kurven gesetzt.

Jetzt soll gezeigt werden, daß die Wirkung des betroffenen Teiles der Wand auf den nichtbetroffenen mit sehr guter Annäherung die gleiche ist wie die eines Kerns vom Wärmeinhalt des betroffenen Teiles, und daß die Wirkung des Kerns praktisch nur von seinem Wärmeinhalt abhängt, nicht von seiner Temperatur und der Wärmeübergangszahl zwischen Wand und Kern.

Um dies einzusehen, ist es nötig, wieder auf die exakte mathematische Lösung zurückzugreifen und aus der Vorstellung des mathematischen Bildes die Vereinfachung zu gewinnen. Ein ähnlicher Gedankengang wie bei der Betrachtung der Eigenschaften freier Temperaturbewegung führt hier zum Ziel.

Die allgemeine Lösung $\vartheta = \sum_{n=1}^{\infty} A_n v_n e^{-a m_n^2 t}$ bestimmt in dem ganzen Raum von 0 bis $\pm\infty$ im homogen gedachten Wandmaterial eine periodische oder fast periodische Temperaturanordnung, deren Ausgleich in dem beschränkten Intervall der Wand der Wirkung der Grenzbedingungen gleichkommt. (Vgl. S. 8.) Für die Zeit $t=0$ stellt sie in diesem Intervall eine vorgeschriebene Anfangsverteilung dar — hier stets die Linie des stationären Zustandes. Aber wie sieht die durch die Summe bestimmte Anfangsverteilung außerhalb des Intervalls aus?

Hier interessiert nur die Verteilung, welche die Wirkung des Kerns ersetzen soll, also die stetige Verlängerung der Linie des stationären Zustandes von der Grenze zwischen Wand und Kern bis zum Maximum der Kurve. Denn nach S. 10 muß ein einseitig auskühlendes System (d. h. Strömung nur in einer Richtung) durch einen Kurvenabschnitt vom Maximum an dargestellt werden. Nach dem bisherigen ist ohne weiteres einzusehen, daß sie an der Grenze die Linie des stationären Zustandes tangieren und bis zu ihrem Scheitel den Wärmeinhalt des Kerns fassen muß.

Die Tatsache, daß die Gleichungen für die Auskühlung eines Kerns und eine in freier Temperaturbewegung auskühlende Wand auf die gleiche Form gebracht werden können [siehe Gl. (8a) und (15)], legte die Vermutung nahe, es möchten diese Kurvenabschnitte, welche die Wirkung des Kerns ersetzen sollen, nicht wesentlich abweichen von Abschnitten von Eigenfunktionen $A\{\cos mx + p \sin mx\}$ bzw. $A\{J_0(mr) + p Y_0(mr)\}$, welche, die Linie des stationären Zustandes an der Zuflußstelle tangierend, bis zu ihrem Scheitel den Wärmeinhalt des Kerns fassen. Durch diese drei Bedingungen (Temperatur und Richtung an der Zuflußstelle und Integral bis zum Maximum) sind die drei Konstanten A, m, q bestimmt. In Abb. 9 sind die kennzeichnenden Abweichungen der durch die Summe dargestellten Verlängerung von der tangierenden Eigenfunktion dargestellt. Die Abbildung ist stark übertrieben gezeichnet, da die festgestellten Abweichungen von ca. 1% sich in diesem Maßstab gar nicht zur Anschauung bringen lassen.

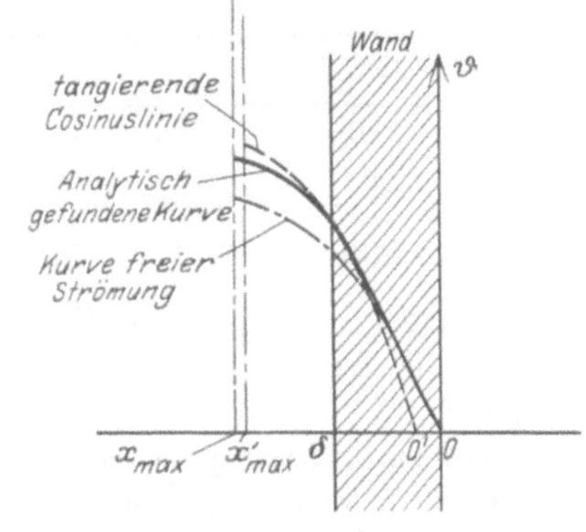

Abb. 9.

Als Beispiel ist aus verschiedenen durchgerechneten dasjenige angeführt, für welches sich die größten Fehler ergaben. (Eine gerade Wand $\delta = 0{,}1$, $\tau_a\delta = \infty$, $\tau_i\delta = \infty$, $\vartheta_{k\,st} = 100°$, $V_k c_k \gamma_k = 100$, $\sigma\delta = 0{,}1$, $q_{st} = 1000$, $W_{k\,st} = 10000$.) Dafür fand sich nach der analytischen Methode für das Maximum der durch die Summe dargestellten Kurve $\vartheta_{max} = 328°$, für die tangierende Eigenfunktion $A\{\cos mx + p \sin mx\}$ der maximale Wert $\vartheta'_{max} = 332°$. Für die Abszissen der Maxima ergab sich $x_{max} = 0{,}505$, $x'_{max} = 0{,}501$. Es kann angenommen werden, daß erheblich größere Abweichungen bei keinem System vorkommen werden.

Nun war oben, im Anfang dieses Abschnittes, gesagt, daß ebensolche Kurvenabschnitte in dem von der Auskühlung betroffenen Teil angenommen werden. Aus beidem kann dann gefolgert werden:

Satz 3: Thermodynamisch läßt sich der von der Auskühlung betroffene Teil eines Systems mit guter Annäherung durch einen Kern von ausgeglichenem Temperaturniveau ersetzen, welcher den Wärmeinhalt des betroffenen Teiles besitzt.

Davon wird bei der Berechnung inhomogener Systeme Gebrauch gemacht.

h) Einfluß des inneren Wärmeübergangs.

Auch wenn innerer Wärmeübergang vorliegt, muß die Verlängerung der durch die Summe $\sum A_n v_n$ gegebenen Kurve die Linie des stationären Zustandes an der Zuflußstelle tangieren und bis zu ihrem Scheitel den Wärmeinhalt des Kerns fassen.

Man sollte also vermuten, daß, wenn der Wärmeinhalt des Kerns und der Verlauf der Tempetaturlinie des stationären Zustandes gleichbleiben, auch der Verlauf der durch die Summe bestimmten Kurve nicht wesentlich von dem eben bestimmten und mithin von der tangierenden Eigenfunktion abweichen könne.

Zum Beweis wurde die Temperaturverteilung des stationären Zustandes in der Wand konstant gehalten (wie in dem eben angeführten Beispiel), hingegen die Kerntemperatur $\vartheta_{k\,\mathrm{st}}$ und Wärmekapazität $V_k c_k \gamma_k$ so variiert, daß der Wärmeinhalt des Kerns derselbe blieb ($W_{k\,\mathrm{st}} = V_k c_k \gamma_k \cdot \vartheta_{k\,\mathrm{st}} = 10000$). Dann wurde α_i so bestimmt, daß $\alpha_i(\vartheta_{k\,\mathrm{st}} - \vartheta_{i\,\mathrm{st}}) = q_{\mathrm{st}} = 1000$ blieb.

Aus der für $\tau_a \delta = \infty$ geltenden Frequenzgleichung *

$$m\delta \cdot \operatorname{tg} m\delta = \sigma\delta - \frac{(m\delta)^2}{\tau_i \delta} \tag{35}$$

wurde m_1 bestimmt (von m_1 ist ja die Auskühlgeschwindigkeit hauptsächlich abhängig, da der Zeitfaktor des ersten, weitaus größten Gliedes der unendlichen Reihe $e^{-a m_1^2 t}$ lautet); ferner wurde das Maximum der ersten Welle $x_{\max} = \frac{\pi}{2 m_1}$ bestimmt. In der Zahlentafel sind die Ergebnisse verglichen. In Gl. (35) ist $\tau_i \delta = \frac{\alpha_i}{\lambda} \cdot \delta$, $\sigma\delta$ das reziproke Zuflußverhältnis $= \frac{f_i c \gamma}{V_k c_k \gamma_k}$.

Zahlentafel.

$\vartheta_{i\,\mathrm{st}}$	$\vartheta_{k\,\mathrm{st}}$	$V_k c_k \gamma_k$	$\sigma\delta$	α_i	$\tau_i\delta$	$m_1\delta$	$x_{\max}$
100	100	100	0,1	∞	∞	0,3110	0,505
100	200	50	0,2	10	1,0	0,3132	0,502
100	300	33,3	0,3	5	0,5	0,3145	0,500
100	1000	10	1,0	1,11	0,111	0,3155	0,498

Bei einer Variation der Kerntemperatur von 100° bis 1000° ($\alpha_i = \infty$ bis $\alpha_i = 1$) wird die für die Auskühlgeschwindigkeit entscheidende Größe m_1 nur um ca. 1,5% geändert **.

Man kann also praktisch den Wärmeinhalt des Kerns auf Wandinnentemperatur $\vartheta_{i\,\mathrm{st}}$ beziehen, indem man ihm eine solche Wärmekapazität $V'_k c'_k \gamma'_k$ zulegt, daß er bei $\vartheta_{i\,\mathrm{st}}$ den Wärmeinhalt $V_k c_k \gamma_k \vartheta_{k\,\mathrm{st}}$ hat, indem man also

$$V'_k c'_k \gamma'_k = V_k c_k \gamma_k \frac{\vartheta_{k\,\mathrm{st}}}{\vartheta_{i\,\mathrm{st}}}$$

macht; für diesen auf Wandtemperatur reduzierten Kern ist das reziproke Zuflußverhältnis

$$\sigma\delta = \frac{F_i c\gamma \cdot \delta}{V'_k c'_k \gamma'_k} = \frac{\vartheta_{i\,\mathrm{st}}}{\vartheta_{k\,\mathrm{st}}} \frac{F_i \delta \cdot c\gamma}{V_k c_k \gamma_k} = \frac{\vartheta_{i\,\mathrm{st}} \cdot F_i \delta c \gamma}{W_{k\,\mathrm{st}}}. \tag{36}$$

* Vgl. Recknagel: Literaturangabe Nr. 3, S. 82—85 $\left(p_2 = \tau_a,\ p_1 = \tau_i,\ \frac{1}{\varrho} = \sigma\right)$.

** Man sieht außerdem aus der Zahlentafel, daß die Abszissen $x_{\max}$ der Maxima aller durch m_1 bestimmten Kurven nur sehr wenig abweichen von dem oben angeführten $x'_{\max}$ für die an der Zuflußstelle tangierende Eigenfunktion, welche bis $x'_{\max}$ den Wärmeinhalt des Kerns faßt ($x'_{\max} = 0{,}501$).

Da hierin der Sonderfall $\alpha_i = \infty$ (d. h. $\vartheta_{i\,\mathrm{st}} = \vartheta_{k\,\mathrm{st}}$) enthalten ist, so kann es allgemein als das reziproke Zuflußverhältnis betrachtet werden. Diese Definition ist daher für Tafel I gewählt.

Eine anschauliche Deutung von $\sigma\delta$ ergibt sich aus Gl. (36). Im Zähler steht der Wärmeinhalt einer geraden Wand von der Ausdehnung der Innenfläche, wenn die ganze Wand auf Innentemperatur ist, im Nenner der Wärmeinhalt des Kerns.

i) Berechnung inhomogener Systeme nach Tafel I.

In Abb. 10 ist der stationäre Zustand für ein System aufgezeichnet, welches aus $n = 4$ Schichten und Kern besteht.

Um die Auskühlung eines solchen Systems zu bestimmen, ist es nötig, die Berechnung schrittweise vorzunehmen*.

Wenn die Temperaturbewegung bis ans Ende der ersten (innersten) Schicht vorgedrungen ist, hat sich in dieser Schicht ein Zustand eingestellt, der mit guter Annäherung durch eine an der äußeren Grenze der Schicht die Linie des stationären Zustandes tangierende Eigenfunktion dargestellt wird. Ersetzt man den Wärmedurchgangswiderstand aller folgenden Schichten durch eine entsprechende Wärmeübergangszahl $\left(\alpha_1 = \frac{q_{\mathrm{st}}}{F_1 \vartheta_{1\,\mathrm{st}}}\right)$, so ändert dies weder etwas an dem Verlauf der Linie des stationären Zustandes, noch an dem der tangierenden Eigenfunktion. Der Wärmeinhalt, den dieses erste Teilsystem noch hat (also Kern und erste Schicht), wenn die Temperaturbewegung die Grenze erreicht hat, ist $\psi_1 W_{\mathrm{st}1}$, wobei $W_{\mathrm{st}1} = W_{k\,\mathrm{st}} + W_{1\,\mathrm{st}}$ (steht der Zahlenindex vor st, so bedeutet dies den Wärmeinhalt einer Schicht, nach st den eines Teilsystems). ψ_1 findet sich nach Tafel I abhängig von

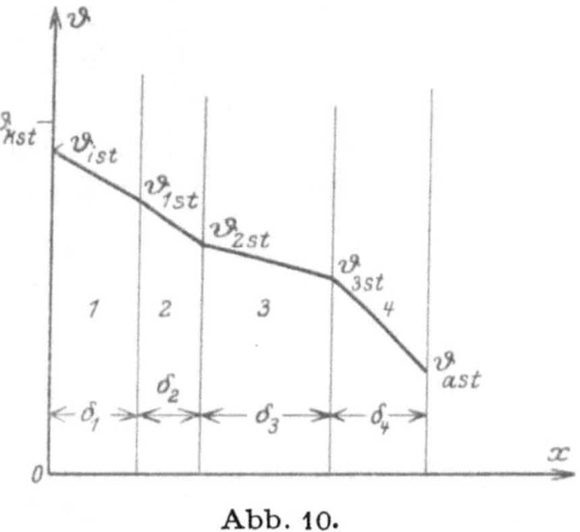

Abb. 10.

$$\frac{r_1}{r_i}, \quad \frac{\alpha_1}{\lambda_1}\delta_1, \quad \sigma_1\delta_1 = \frac{\vartheta_{i\,\mathrm{st}} \cdot F_i \delta_1 c_1 \gamma_1}{W_{k\,\mathrm{st}}}.$$

Ist dieser Zustand eingetreten, so läßt sich der betroffene Teil mit dem Wärmeinhalt $\psi_1 W_{\mathrm{st}1}$ als Kern für die folgende Schicht 2 betrachten (gemäß Satz 3).

Ist die Temperaturbewegung bis an die Grenze dieser Schicht gekommen, so hat das neue Teilsystem (als Kern $\psi_1 W_{\mathrm{st}1}$ und Schicht 2) noch den Wärmeinhalt $\psi_2 W_{\mathrm{st}2}$, wobei $W_{\mathrm{st}2} = \psi_1 W_{\mathrm{st}1} + W_{2\,\mathrm{st}}$ ist. ψ_2 ist abhängig von

$$\frac{r_2}{r_1}, \quad \tau_2\delta = \frac{\alpha_2}{\lambda_2}\delta_2, \quad \sigma_2\delta_2 = \frac{\vartheta_{1\,\mathrm{st}} \cdot F_1 \delta_2 c_2 \gamma_2}{\psi_1 W_{\mathrm{st}1}},$$

wobei α_2 wiederum so bestimmt wird, daß es den Wärmedurchgangswiderstand der folgenden Schichten bestimmt.

So fortfahrend kommt man bis an die Außenfläche der äußersten Schicht n. Man findet ψ_n abhängig von

$$\frac{r_n}{r_{n-1}}, \quad \tau_a\delta_n = \frac{\alpha_a}{\lambda_n}\delta_n, \quad \sigma_n\delta_n = \frac{\vartheta_{n-1\,\mathrm{st}} F_{n-1}\delta_n c_n \gamma_n}{\psi_{n-1} W_{\mathrm{st}\,n-1}}.$$

Dann hat das ganze System noch den Wärmeinhalt $\psi_n W_{\mathrm{st}n}$, wobei

$$W_{\mathrm{st}n} = \psi_{n-1} W_{\mathrm{st}\,n-1} + W_{n\,\mathrm{st}}.$$

* In der Originalarbeit (S. 74 bis 82) ist der erste Zustand freier Strömung für ein inhomogenes System einmal analytisch aus einer sehr komplizierten Frequenzgleichung bestimmt, ein anderes Mal schrittweise wie hier. Die Abweichung betrug maximal 0,5%.

Der Unterschied zwischen diesem und dem gesamten Anfangswärmeinhalt des ganzen Systems W_{st} ist mit der Stärke des stationären Stromes ausgeflossen in der Zeit

$$t_u = \frac{W_{st} - \psi_n W_{st\,n}}{q_{st}}.$$

Dann befindet sich das System im ersten Zustand freier Strömung, und die Auskühlwärme ist ohne weiteres zu ermitteln entsprechend Gl. (28)

$$Q_0^t = W_{st} - \psi_n W_{st\,n} e^{-\frac{q_{st}}{\psi_n W_{st\,n}}(t-t_u)}.$$

Um die Temperatur an beliebiger Stelle zu beliebiger Zeit zu finden, ist es nötig, die Linie freier Strömung zu bestimmen. Man beginnt bei der letzten Schicht n.

$$\vartheta_{fr\,n} = A_n \cos m_n x + B_n \sin m_n x \quad \text{für gerade Wände,}$$

$$\vartheta_{fr\,n} = A_n J_0(m_n r) + B_n \Psi_0(m_n r) \quad \text{für zylindrische Wände.}$$

Dabei ist $m_n = \sqrt{\frac{c_n \gamma_n}{\lambda_n} \frac{q_{st}}{\psi_n W_{st\,n}}}$, A_n und B_n werden so bestimmt, daß $\vartheta_{fr\,n}$ die Linie des stationären Zustandes in Schicht n an der Außenfläche tangiert.

Dann ist die Linie $\vartheta_{fr\,n-1}$ in der vorletzten Schicht so zu bestimmen, daß sie an der Grenze die gleiche Temperatur hat wie die der letzten Schicht, und ein solches Gefälle, daß an der Grenze in beiden Schichten der gleiche Wärmestrom fließt; also

$$\lambda_{n-1}\left[\frac{d\vartheta_{fr\,n-1}}{dx}\right]_{x=\text{Grenze}} = \lambda_n \left[\frac{d\vartheta_{fr\,n}}{dx}\right]_{x=\text{Grenze}}.$$

m_{n-1} ist wiederum

$$m_{n-1} = \sqrt{\frac{c_{n-1}\gamma_{n-1}}{\lambda_{n-1}} \frac{q_{st}}{\psi_n W_{st\,n}}}.$$

So fortfahrend, eine Eigenfunktion aus der vorhergehenden bestimmend, kommt man an die Grenze zwischen innerster Schicht und Kern. Wenn dort sprunghafter Wärmeübergang vorliegt (α_i = endlich), so muß die Kerntemperatur $\vartheta_{\varkappa\,fr}$ aus dem Gefälle an der Grenze bestimmt werden

$$\alpha_i [\vartheta_{k\,fr} - \vartheta_{fr\,1}]_{\text{Grenze}} = \lambda_1 \left[\frac{d\vartheta_{fr\,1}}{dx}\right]_{x=\text{Grenze}}.$$

Die Auskühlung erfolgt dann nach der Gleichung

$$\vartheta = \vartheta_{fr}\, e^{-\frac{q_{st}}{\psi_n W_{st\,n}}(t-t_u)}.$$

D. Anheizung von Wänden.

Der Anheizvorgang ist insofern eine Umkehrung des bisher besprochenen Auskühlvorgangs, als hier Temperaturerhöhung eintritt, wo dort Erniedrigung, und insofern, als der Anfangszustand dort (der stationäre) der Endzustand hier ist, der theoretisch nach unendlich langer Zeit eintritt.

Was aber grundsätzlich von dem Vorgang der Auskühlung gesagt war, über die Art der Wärmebewegung, das gilt hier in genau der gleichen Weise. Die Wärmebewegung nimmt dort, wo die Bedingungen eines Systems geändert werden, ihren Anfang und breitet sich erst mit der Zeit über das ganze System aus. Wenn das ganze System betroffen ist, tritt eine wesentliche Änderung des Charakters der Kurven, durch die der jeweilige Zustand der Wärmebewegung dargestellt wird, nicht mehr ein.

Mathematisch beschrieben ist der Vorgang durch die Gl. (3 a) und (3 b); da nach unendlicher Zeit der stationäre Zustand erreicht sein muß und für $t = \infty$ die unendliche Summe verschwindet, so bestimmt man leicht

$$b x + c = \vartheta_{st} \qquad \text{bzw.} \qquad b \ln r + c = \vartheta_{st},$$

worin ϑ_{st} die Linie des stationären Zustandes bedeutet, und die Gleichungen können beide durch die Form

$$\vartheta = \vartheta_{st} - \sum_{n=1}^{\infty} A_n v_n e^{-a m_n^2 t} \tag{37}$$

dargestellt werden.

Auf welchem Wege der stationäre Zustand ϑ_{st} erreicht wird, das hängt von der Art der Wärmezufuhr während des Anheizvorganges ab (dadurch sind die Konstanten $A_n m_n p_n$ zu bestimmen).

Für die Technik sind zwei stetige Wege als Annahmen möglich, und man wird im Einzelfalle entscheiden müssen, welcher dem gerade vorliegenden Problem der angemessenere ist.

Einmal kann man annehmen, der Wärmeträger bzw. Heizkörper habe während des ganzen Vorgangs eine konstante Temperatur; die jeweilige Heizleistung werde also durch das veränderliche Temperaturgefälle zwischen Wärmeträger und den wärmenehmenden Flächen bestimmt. Diese Annahme kann meist gemacht werden, wenn an ein im normalen Betrieb befindliches Netz ein verhältnismäßig kleiner Strang angeschaltet wird. Da für diesen Fall aber mit Tafel I nicht zu rechnen ist, soll darauf nicht näher eingegangen werden.

Ist das aufzuheizende System aber mit einer Sonderheizung ausgestattet, so daß man aus der Leistung der Heizung oder des Kessels bestimmen kann, welche zeitlich konstante Wärmemenge in das System geschickt wird, so ist die Berechnung mit Tafel I möglich.

Es ist nur nötig, eine weitere Vereinfachung zu machen. Denn auch wenn die Heizleistung konstant ist, so hängt es doch noch von der Art der Heizung ab, wie sich diese Leistung beim Anheizen verteilt.

Recknagel hat in seiner Schrift „Über die Erwärmung und Abkühlung geschlossener Lufträume“[3] seine Berechnung auf eine Luftheizung angewandt unter der Voraussetzung, der Lufterhitzer liefere bei konstanter Leistung Luft von konstanter Temperatur. Aber die in den Raum geschickte Luft tritt mit der veränderlichen Raumtemperatur wieder aus. Er hat also gar keinen „geschlossenen“ Luftraum angenommen, sondern den durch die Art der Heizung bedingten Luftwechsel mit in das System einbezogen. So kommt er zu den höchst schwierigen und umständlichen Gleichungen für die Beschreibung des Anheizvorganges, die wesentlich anders aussehen als die für den von ihm behandelten Auskühlvorgang.

Für ein geschlossenes System* aber sind die Gleichungen, d. h. die konstanten A_n, m_n, p_n, exakt dieselben für Anheizen und Auskühlen. Dies ergibt sich ohne weiteres durch Aufstellen der Grenzbedingungen. Für m finden sich wieder die transzendenten Gl. (34a) und (34b), und die A_n werden ebenfalls die gleichen, wenn der Auskühlvorgang vom stationären Zustand nach Null hin abklingt und wenn der Anheizvorgang von Null aus dem stationären Zustand zustrebt**.

Infolgedessen können ohne weiteres mit der gleichen Genauigkeit wie beim Auskühlen analog den exakten Gl. (8b), (9b), (10b) für Anheizen eines Kerns die Annäherungsgleichungen gesetzt werden:

Für die Temperaturen:

$$\vartheta = \vartheta_{st} - \vartheta_{fr} e^{-\frac{q_{st}}{\psi W_{st}}(t-t_u)}. \tag{38}$$

* Für die Technik wird es wohl stets möglich sein, den Einfluß des durch die Art der Heizung bedingten Luftwechsels durch geringe Zuschläge oder Abzüge zu berücksichtigen. Denn der weitaus überwiegende Einfluß wird stets in der Erwärmung des geschlossenen Systems, d. h. Kern und Wand, zu sehen sein.

** Es ist leicht, das Anheizen von einem anderen stationären Zustand von niedrigerem Niveau aus, sowie das Auskühlen nach einem solchen hin (d. h. bei plötzlicher Verminderung der Heizleistung) durch Übereinanderlagerung zweier Vorgänge auf den hier besprochenen Fall zurückzuführen. Für den Anheiz- oder Auskühlvorgang wirksam ist nur der Unterschied an Wärmeinhalt, Wärmestrom und Temperatur der beiden stationären Zustände.

Für den nach außen fließenden Wärmestrom:

$$q = q_{st} - q_{st} e^{-\frac{q_{st}}{\psi W_{st}}(t - t_u)}. \tag{39}$$

Für die bis zur Zeit t in der Wand und im Kern aufgespeicherte Wärmemenge

$$Q_0^t = W_{st} \left\{1 - \psi e^{-\frac{q_{st}}{\psi W_{st}}(t - t_u)}\right\}, \tag{40}$$

wobei q_{st} die auf die Wände im stationären Zustand entfallende Heizleistung ist, W_{st} der Wärmeinhalt in dem stationären Zustand, welcher sich durch die Heizleistung q_{st} in der Wand erreichen läßt. ψ wird aus Tafel I gefunden; ϑ_{fr} auf genau die gleiche Weise bestimmt wie oben (siehe S. 12 und S. 24).

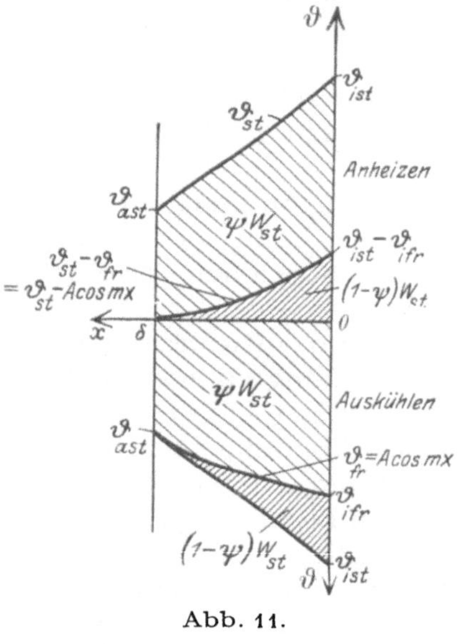

Abb. 11.

In Abb. 11 ist für eine gerade Wand ohne Kern ($\sigma\delta = \infty$, d. h. die ganze Heizleistung geht in die Wand) der erste Zustand freier Strömung $\vartheta_{st} - \vartheta_{fr}$ dargestellt, darunter spiegelbildlich die entsprechende erste Auskühlkurve freier Strömung ϑ_{fr}. Beide sind zur Zeit t_u angenähert erreicht, im weiteren Verlauf des Vorgangs bleibt der Charakter dieser Kurven erhalten, welche beim Anheizen nach dem stationären Zustand hin, beim Auskühlen nach Null hin abklingen.

Zusammenfassung.

Auf Grund der Tatsache, daß die Temperaturbewegung dort ihren Anfang nimmt, wo die Bedingungen eines Systems geändert werden, und erst mit der Zeit das ganze System ergreift, ist ein einfaches Annäherungsverfahren entwickelt zur Bestimmung der Auskühlung aus dem stationären Zustand und der Anheizung von Null aus bei Zuführung einer konstanten Heizleistung.

Man macht die Annahme, daß, ehe das ganze System ergriffen ist, eine scharfe Grenze zwischen betroffenem und nichtbetroffenem Teil bestehe. Die Kurven, welche die Temperaturverteilung in dem betroffenen Teil darstellen, werden als einfache Eigenfunktionen (Sinus- und Cosinuslinien für gerade Wände, Besselsche Kurven für zylindrische) angenommen, welche die Linie des stationären Zustandes an der Grenze beider Teile tangieren. Wenn die Temperaturbewegung an der Außenfläche des Systems angekommen ist, ist eine die Linie des stationären Zustandes außen tangierende Eigenfunktion erreicht, deren Charakter sich im weiteren Verlauf des Vorgangs nicht mehr ändert; es setzt die „freie“ Temperaturbewegung oder Strömung ein, bei welcher die Geschwindigkeit des Vorgangs nur abhängig ist von Wärmestrom und Wärmeinhalt. Im Anfangszustand dieser Strömung (außen tangierende Eigenfunktion) ist der Wärmestrom durch q_{st} bestimmt, der Wärmeinhalt W_{fr} ist ein gewisser Teil ψ des Wärmeinhaltes im stationären Zustand ($W_{fr} = \psi W_{st}$). Die Zeit, die bis zur Erreichung dieses Zustandes vergeht, ist $t_u = (1 - \psi)\frac{W_{st}}{q_{st}}$.

Damit ist durch ψ und die Größen des stationären Zustandes der Vorgang festgelegt. ψ, ein gewissermaßen geometrisches Verhältnis, ist mathematisch bestimmt und aus der Tabelle des II. Teiles abzulesen für alle homogenen geraden und zylindrischen Systeme mit Kern, d. h. einem Wärmeträger von ausgeglichenem Temperaturniveau.

Besteht ein System aus Schichten von verschiedenem Material, so ist die Berechnung schrittweise vorzunehmen auf Grund der Feststellung, daß die Wirkung des betroffenen

Teiles eines Systems auf den nichtbetroffenen praktisch die gleiche ist wie die eines Kerns von gleichem Wärmeinhalt.

Auskühlverluste bzw. Speicherwärme beim Anheizen lassen sich mit ψ direkt berechnen.

Die Temperaturermittlung erfordert die Bestimmung einer Eigenfunktion $A \cos m x + B \sin m x$ bzw. $A J_0(mr) + B Y_0(mr)$. Darin ist m durch ψ und die Größen des stationären Zustandes bekannt. Die Konstanten A und B werden so bestimmt, daß die Eigenfunktion die Linie des stationären Zustandes außen tangiert.

Der größte Fehler, der durch die Annäherungsrechnung gegenüber der exakten gemacht werden kann, beträgt ca. 7% für die Innentemperatur, ca. 4% für die Wärmemenge im extremsten Fall ($\psi = 0{,}69$) zum Zeitpunkt t_u. Nach der Zeit t_u wird er rasch kleiner, abnehmend bis Null. Abhängig ist der größte Fehler (zur Zeit t_u) von ψ. Für $\psi = 1$ ist er Null.

Bezeichnungen und Abkürzungen.

ϑ = Temperatur (° C).

x, y, z, r = Koordinaten.

t = Zeit (st).

α = Wärmeübergangszahl $\left(\frac{\text{kcal}}{\text{m}^2\text{st}}\right)$.

λ = Wärmeleitzahl $\left(\frac{\text{kcal}}{\text{m st}}\right)$.

δ = Wandstärke ($\delta = r_a - r_i$ bei Zylindern) (m).

c = spez. Wärme $\left(\frac{\text{kcal}}{\text{kg}}\right)$.

γ = spez. Gewicht (Raumgewicht) $\left(\frac{\text{kg}}{\text{m}^3}\right)$.

V = Volumen (m^3).

F = Fläche (m^2).

$a = \frac{\lambda}{c\gamma}$. $\quad \tau = \frac{\alpha}{\lambda}$.

q = Wärmestrom $\left(\frac{\text{kcal}}{\text{st}}\right)$.

W = Wärmeinhalt (kcal).

A, B, C, b, c = Konstanten.

Literaturverzeichnis.

1. Fourier: Analytische Theorie der Wärme. Deutsch von Weinstein. Berlin: Julius Springer 1884.
2. Duhamel: Mouvement de la chaleur dans les Corps solides. J. royal de l'école polytechnique 1833, S. 20—35.
3. Recknagel: Über die Erwärmung und Abkühlung geschlossener Lufträume. Sitzgsber. bayer. Akad. Wiss., Math.-phys. Kl. München 1901.
4. Recknagel: Über die Erwärmung und Abkühlung geschlossener Lufträume. Gesundheitsing. 1901.
5. Schmidt, E.: Über die Anwendung der Differenzenrechnung. Beiträge zur techn. Mechanik u. techn. Physik. Zu Föppls 70. Geburtstag. Berlin: Julius Springer 1924.
6. Matschinsky, Moskau: Einfachstes Verfahren zur Berechnung des Abkühlungs- und Anheizvorganges in einer Platte. Gesundheitsing. 1927, S. 453—55, 745—46.
7. Gröber: Die Erwärmung und Abkühlung einfacher geometrischer Körper. Z. V. d. I. Bd. 69, Nr. 21.
8. Gröber: Einführung in die Lehre von der Wärmeübertragung. Berlin: Julius Springer 1926.
9. Williamson u. Adams: Temperature distribution in solids during heating or cooling. Phys. Rev. Bd. XIV, Ser. II, S. 99. 1919.
10. Cammerer: Die wirtschaftliche Isolierstärke bei Wärme- und Kälteschutzanlagen und die Wärmeabgabe isolierter Rohre bei unterbrochener Betriebsweise. Industrieverlag v. Hernhaussen. Berlin SW 48. 1928.
11. Haltmeier. Auskühlung gerader und zylindrischer Wände aus dem stationären Zustand heraus. Dissertation Darmstadt 1926.
12. Schafheitlin: Theorie der Besselschen Funktionen. Leipzig-Berlin: Teubner 1908.
13. Jahnke u. Emde: Funktionentafeln mit Formeln und Kurven. Leipzig-Berlin: Teubner 1909.

II. Vereinfachte Rechenverfahren zur Berechnung der Anheizung und Auskühlung ebener und zylindrischer Wände.

Von Dr.-Ing. **Wilhelm Esser.**

Während des allgemeinen Fortschritts in der Wärmewirtschaft und insbesondere auf ihrem Sondergebiete, der Wärmeschutztechnik, ist die Erkenntnis durchgedrungen, daß die Ergebnisse wissenschaftlicher Forschung erst dann ihre volle Bedeutung für die Praxis erhalten, wenn sie den wirklichen praktischen Verhältnissen gerecht werden und die Verfahren so einfach ausgearbeitet sind, daß sie für den in der Praxis stehenden Ingenieur leicht anwendbar sind. Dieser Forderung folgend, wird in diesem Teil des Buches zunächst der experimentelle Nachweis der praktischen Verwertbarkeit der theoretischen Näherungsformeln erbracht. Dann werden vereinfachende Rechenverfahren, vorwiegend mit Hilfe von Zahlentafeln, aufgestellt, die es dem Praktiker ermöglichen, einfach und schnell die Resultate zu erhalten, die er für seine Entscheidungen notwendig hat.

Da gerade bei periodisch betriebenen Rohrleitungsanlagen der Anheiz- und Auskühlverlust den wirtschaftlichen Wert einer Isolierung stark beeinflußt, ist die Darstellung stets auf isolierte Rohrleitungen bezogen, um damit die wärmetechnischen Grundlagen zu Wirtschaftlichkeitsberechnungen isolierter Rohrleitungen des periodischen Betriebes zu geben. Das durchströmende Medium ist mit Wärmeträger bezeichnet. Die aufgestellten Formeln und Tabellen sind jedoch allgemeingültig, also auch auf gerade Wände, wie Häuser und Kesseleinmauerungen, und in sinngemäßer Anwendung auch auf Rohrleitungen mit Kälteträgern anwendbar.

A. Experimentelle Untersuchungen über die Auskühlung isolierter Rohrleitungen.

Da die von Krischer aufgestellte Näherungsformel auf rein mathematischer Behandlung des Auskühlproblems beruht, erhebt sich vom Standpunkt der praktischen Verhältnisse aus die Frage: Inwieweit stimmen die Voraussetzungen, die zu einer theoretischen Lösung stets gemacht werden müssen, mit den wirklichen praktischen Verhältnissen überein, d. h. mit welcher Genauigkeit kann man bei der Bestimmung des Auskühlverlustes auf Grund dieser Formel rechnen?

Die reine Überlegung zeigt schon, daß ein Teil der gemachten Annahmen gerechtfertigt ist. Es wird zunächst angenommen, daß die Auskühlung aus dem stationären Zustand heraus erfolgt. Dies trifft bei den üblichen Betriebszeiten stets, bei sehr häufigen Betriebsunterbrechungen dagegen mit großer Annäherung zu, weil die Anheizung der Rohrleitungen verhältnismäßig schnell und vor allem anfangs sehr intensiv vor sich geht. Ferner setzt die Theorie voraus, daß die Wärme nur radial auskühlt. Es darf also während der Auskühlung in dem System kein axialer Wärmestrom stattfinden. Dieser könnte durch Abwanderung der Eisenwärme nach sich schneller abkühlenden Stellen, wie nackte Ventile, entstehen oder durch nicht dichtschließende Absperrorgane, die Dampf durchlassen und den abgeschalteten Rohrstrang nachheizen. In beiden Fällen handelt es sich um eine betriebstechnische Frage. Durch gute Überwachung der Leitungen läßt sich der axiale Wärmestrom während der Auskühlung vermeiden. Die Berechtigung zu der Annahme der radialen Ausgeglichenheit des Kerns ergibt sich mit größter Annäherung aus den hohen Übergangszahlen vom Wärme- bzw. Kälteträger an die innere Rohrwand. Selbst für Heißdampfleitungen, bei denen α_i verhältnismäßig klein ist, ist dies statthaft, da der Heißdampf bei Beginn der Auskühlung sehr schnell seine Überhitzungswärme verliert und ins Sattdampfgebiet eintritt. Lediglich ist dabei zu beachten, daß die zur Bestimmung der Gesamtspeicherwärme nötige Temperatur der Rohrwand nicht gleich der des Wärmeträgers gesetzt werden darf. Aus der Anschauung allein lassen sich jedoch nicht ohne weiteres rechtfertigen und in ihrer Einwirkung auf die Genauigkeit der Formel durchschauen folgende drei Annahmen:

1. Die Einführung einer konstanten Wärmeleitzahl und spezifischen Wärme der Isoliermittel, die in Wirklichkeit temperaturabhängig sind.

2. Die Rechnung mit dem konstanten stationären Überleitverhältnis $\tau_a\delta = \frac{\alpha_a}{\lambda} \cdot \delta$, obwohl sich sowohl α_a als auch λ während der Auskühlung ändern.

3. Die Zerlegung des Auskühlvorganges in zwei Abschnitte, den des noch bleibenden stationären Wärmeflusses und den in freier Temperaturbewegung.

Zur Klärung dieser Fragen wurden vom Verfasser Versuche* über die Auskühlung isolierter Rohrleitungen durchgeführt. Der Zweck der Versuche war also, den tatsächlichen Auskühlvorgang zu studieren, um zu sehen, mit welcher Genauigkeit die mathematische Näherungsformel den wirklichen Vorgang unter normalen praktischen Verhältnissen erfaßt. Etwa mögliche Willkürlichkeiten** des praktischen Betriebes wurden nicht berücksichtigt, da ihre Einbeziehung in die Rechnung unmöglich ist.

a) Die Versuchseinrichtung.

Das Bestreben mußte dahin gehen, in der Versuchsleitung den praktischen Verhältnissen der Wärmefortleitung möglichst nahezukommen. Damit war die Art der Beheizung und der grundsätzliche Aufbau der Versuchseinrichtung festgelegt, von der Abb. 12 eine

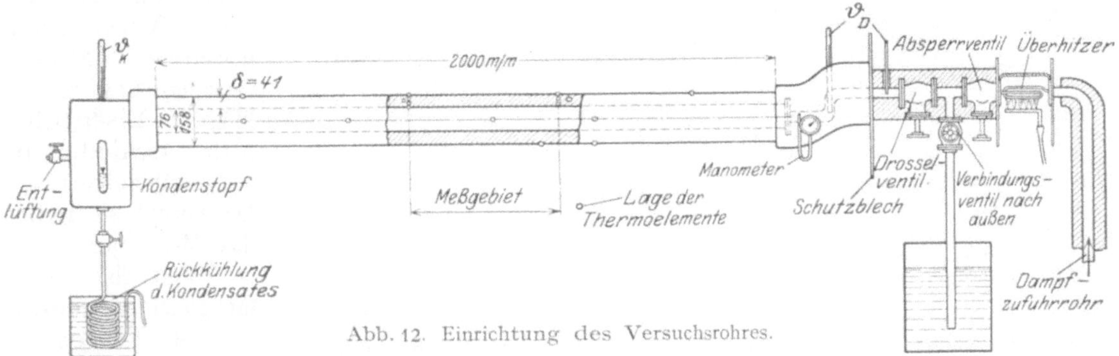

Abb. 12. Einrichtung des Versuchsrohres.

schematische Skizze wiedergibt. Auf zwei Stützen aufliegend, war das Versuchsrohr, isoliert mit Kieselgurmasse, etwas schräg angeordnet, damit ein sicheres Ablaufen des Kondensats in den Kondenstopf gewährleistet war. Dieser war stark isoliert und mit einem Schauglas zur Einstellung des Wasserspiegels versehen. Ein angebrachtes Entlüftungsventil erlaubte die zeitweilige wichtige Entlüftung der Versuchsleitung. Um das während der Beharrungsversuche anfallende Kondensat abführen und vor einer Nachverdampfung schützen zu können, führte aus dem Kondenstopf ein dünnes Rohr, das über ein Regulier-

* Die Versuche wurden im wärmetechnischen Institut der Technischen Hochschule Darmstadt (Vorstand Prof. Chr. Eberle) ausgefuhrt. Fur die freundliche Zurverfugungstellung der Einrichtungen und der notigen Meßinstrumente bin ich Herrn Prof. Eberle zu besonderem Dank verpflichtet.

** Näheres hieruber siehe Literaturangabe Nr. 2.

ventil in eine gekühlte Kupferspirale zwecks Rückkühlung des Kondensats überging. Auf der anderen Seite schloß sich an das eigentliche Dampfzufuhrrohr zunächst ein Überhitzer an. Beiderseitige große Schutzplatten, innen mit Asbest verkleidet, schützten die übrigen Teile vor der Bestrahlung durch die Gasflamme. Da unter keinen Umständen eine Nachbeheizung des Rohres nach Beginn der Auskühlung durch schlechtes Schließen des Absperrventils stattfinden durfte, war anschließend an das Absperrventil ein Verbindungsventil mit einstellbarem Durchfluß nach außen ins Freie eingebaut. Das Drosselventil diente der Einstellung eines beliebigen Dampfdruckes. Dieser ganze rechte Teil war höher als das Rohr gelegt, um in einem scharfen Bogen eine axiale Einbaugelegenheit für ein Thermometer zur Bestimmung der Dampftemperatur zu bekommen. Für die notwendige Bestimmung der axialen und radialen Temperaturverteilung im Eisenrohr und der Isolierung waren 17 Thermoelemente auf dem Rohr, in zwei Schichten der Isolierung und auf deren Oberfläche eingebaut. Zur Bestimmung des Anheiz- und Auskühlvorganges wurde nur der mittlere Teil des Versuchsrohres benutzt. Die Enden waren stark isoliert, damit in dem eigentlichen Meßgebiet die Vorgänge wie bei langen Leitungen verliefen.

b) Der Versuchsgang.

Zunächst war festzustellen, ob alle Bedingungen für den normalen praktischen Auskühlverlauf, bei dem die aufgespeicherte Wärme in radialem Wärmefluß an die umgebende Luft übertritt, erfüllt waren. In dem mittleren Stück des Versuchsrohres sollte die Auskühlung durch jeweilige Bestimmung des Temperaturfeldes festgestellt werden. Es durfte also keine seitliche Abwanderung der Wärme durch schnelleres Abkühlen der Enden stattfinden. Abb. 13 zeigt nun die in einem Vorversuch gemessene axiale Temperaturverteilung im Eisenrohr nach verschiedenen Auskühlzeiten. Diese ergab sich für das Meßgebiet zu jeder Zeit als absolut gleich. Wenn auch die Temperaturen der Enden um wenige Grad überraschenderweise höher lagen, was sich durch die größeren Eisenmassen und die stärkere Isolierung erklären läßt, so war der dadurch bedingte axiale Wärmefluß doch so minimal, daß er ohne weiteres vernachlässigt werden konnte. Um auch die axiale Wärmezufuhr von dem Dampfzufuhrrohr durch das gut leitende Eisen zur Meßzone hin zu vermeiden, wurde die ganze Dampfzuleitung gleichfalls der Auskühlung unterworfen. Als Kontrolle für die absolute Absperrung des Rohres diente die Messung des eintretenden Unterdrucks, der mit fortschreitender Auskühlung eine Höhe bis zu 30 cm Hg erreichte. Vor den Auskühlversuchen wurden stets Beharrungsversuche durchgeführt zur Feststellung des stationären Wärmeverlustes des Rohres und der Wärmeleitzahl der Isolierung. Mit Beginn der Auskühlung wurde das im Kondenstopf befindliche Kondensat ganz abgelassen, um seine Verdampfung infolge der allgemeinen Ent-

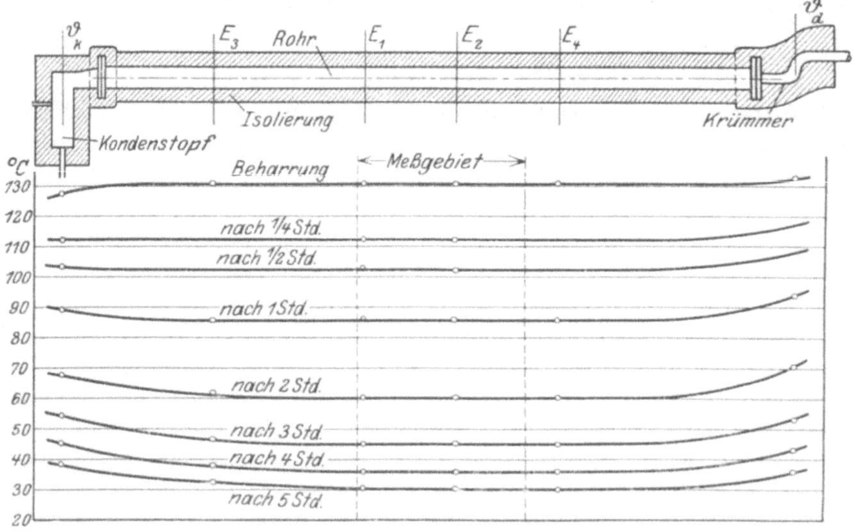

Abb. 13. Axialer Temperaturverlauf im Eisenrohr bei der Auskühlung.

spannung und eine damit verbundene zeitliche Verlagerung der Auskühlung zu vermeiden. Die Reihenfolge in der Temperaturablesung zur Feststellung der Abnahme des Temperaturfeldes war so, daß stets zuerst die Thermoelemente abgelesen wurden, die einer zeitlichen Änderung am stärksten ausgesetzt waren. Die Versuche wurden durchgeführt mit einem Dampfdruck von 1 bis 5 atü. Mit höherem Druck zu arbeiten, war nicht möglich, da nur Dampf von höchstens 6 atü zur Verfügung stand.

c) Die Versuchsergebnisse.

a) Der stationäre Wärmeverlust des Rohres, die Wärmeleitzahl, das Raumgewicht und die spezifische Wärme des Isoliermittels. Die Menge des anfallenden Kondensats, seine Temperatur und die des eintretenden Dampfes bestimmen den gesamten Wärmeverlust der Versuchseinrichtung zwischen den beiden Meßstellen. Um den stündlichen Beharrungsverlust des Rohres selbst zu bekommen, ist vom Gesamtverlust der des Restgliedes, also aller sonst noch am gemessenen Wärmeverlust teilnehmenden Teile, abzuziehen. In Abb. 14 ist der Beharrungsverlust q_{st} von 1 m Rohr dargestellt als Funktion der Temperaturdifferenz zwischen Rohr und Luft. Die mittlere Streuung der Versuchspunkte, etwa 3%, ist neben unvermeidlichen Meßfehlern auf die schwierige Bestimmung des Restgliedes zurückzuführen. Aus dem Beharrungsverlust, den gemessenen Temperaturen der inneren und äußeren Isolieroberfläche und der Isolierstärke ergibt sich die Wärmeleitzahl der Isolierung. Die aus den einzelnen Versuchen sich ergebenden Werte sind ebenfalls in Abb. 14 aufgetragen. Da das untersuchte Gebiet zu klein ist, um eine Temperaturabhängigkeit von λ mit Sicherheit feststellen zu können, ist der Mittelwert für $\lambda = 0{,}111$ eingetragen und später in Rechnung gestellt. Zur Bestimmung des Raumgewichtes der fertigen Isolierung wurde das Volumen der Isolierung durch Umfangsmessungen, ihr Gewicht durch Wiegen des nackten und des isolierten Rohres bestimmt. Das Raumgewicht ergab sich so mit großer Genauigkeit zu 812 kg/m³. Die spezifische Wärme der Isolierung wurde mit einem Vergleichskalorimeter zu $c = 0{,}194$ kcal/kg, °C für den Temperaturbereich 0 — 100° C festgestellt. Die Genauigkeit des Wertes beträgt 2%.

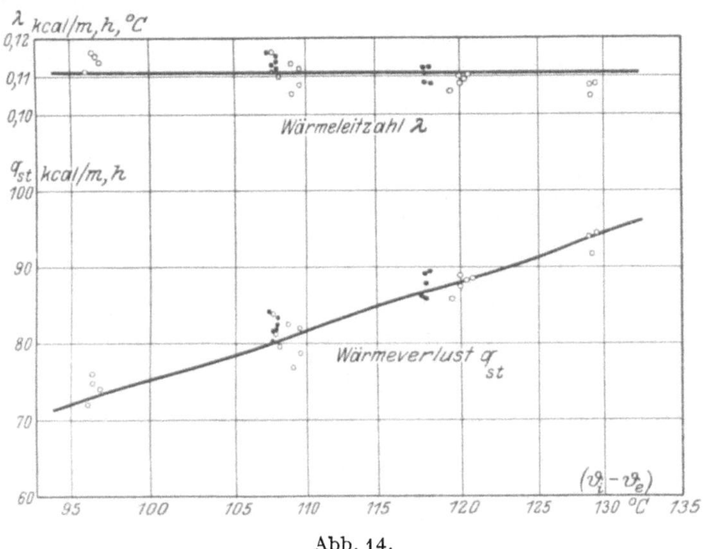

Abb. 14.

b) Die Auskühlung. Die in den einzelnen Zeiten auskühlende Wärmemenge ergibt sich aus der jeweiligen Temperaturabnahme im Kern, Eisenrohr und in der Isolierung. In Abb. 15 ist für einen Versuch der Temperaturverlauf in der Isolierung während der Auskühlung wiedergegeben. Die Beharrungslinie verläuft nicht genau nach einer logarithmischen Funktion, wie ihre Abweichung von der gestrichelt eingezeichneten logarithmischen Linie zeigt. Dies deutet darauf hin, daß λ nicht konstant ist, sondern mit steigender Temperatur größer wird. Nach einer Auskühlzeit von $^1/_4$ st hat sich die Oberflächentemperatur noch fast nicht geändert, während im Inneren am Eisenrohr schon ein merklicher Temperaturabfall eingetreten ist. Daß vorerst die Temperaturverteilung in den äußeren Isolierschichten ihren stationären Charakter beibehält, erklärt sich daraus, daß sich der Beginn der Auskühlung dort nicht sofort bemerkbar machen kann; denn der Wärmefluß durch die Isolierschicht braucht Zeit. Vor allem aber deswegen, weil die Isolierung aus dem Eisenrohr, das infolge der höchsten im ganzen System herrschenden Temperatur und seiner großen Wärmekapazität $c \cdot \gamma$ wegen große Wärmemengen in sich aufgespeichert hat, noch einen derartigen Zufluß erhält, daß zunächst noch der

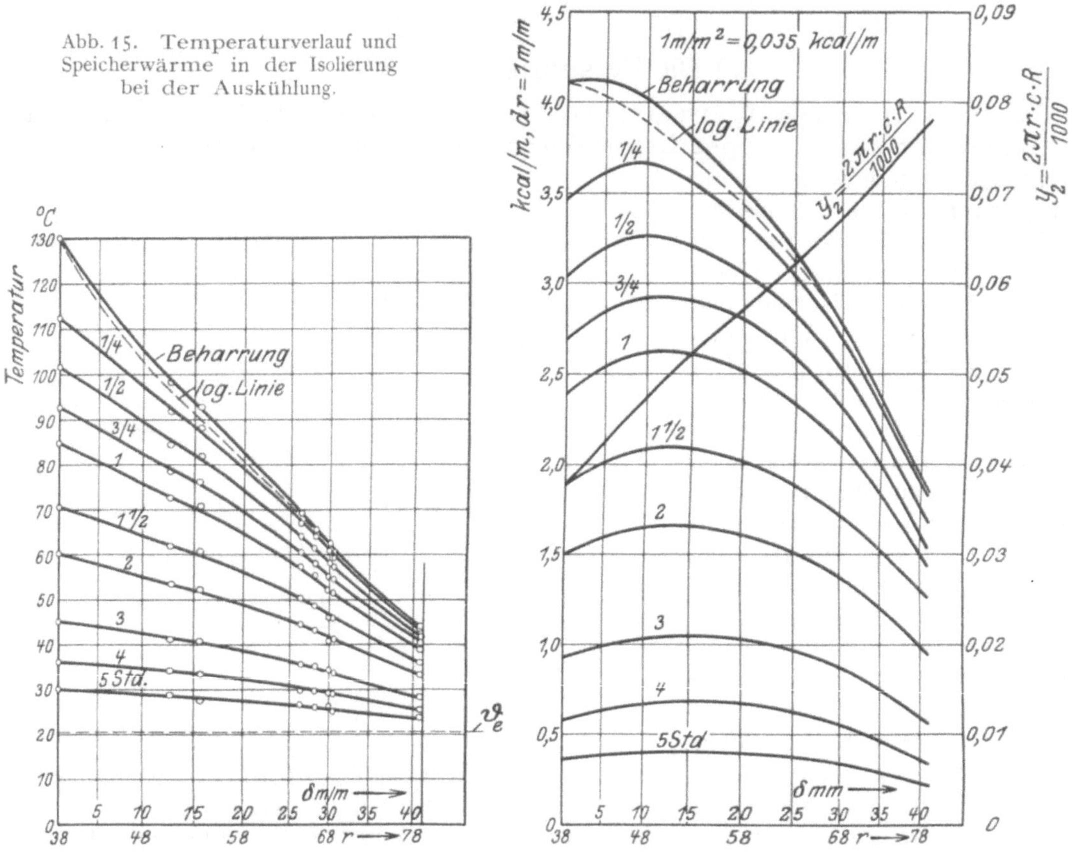

Abb. 15. Temperaturverlauf und Speicherwärme in der Isolierung bei der Auskühlung.

stationäre Wärmefluß nach außen gedeckt bleibt. Die Temperaturkurven nehmen somit eine der Beharrungslinie entgegengesetzte Krümmung an. Diese Tendenz rückt von innen ausgehend mit fortschreitender Auskühlung weiter nach außen hin vor. Von etwa $1\,^1/_2$ st Auskühlzeit ab haben die Kurven wieder eine einheitliche Krümmung und nehmen über die ganze Isolierstärke hin ziemlich verhältnisgleich ab.

Aus der Temperaturabnahme wird die aus der Isolierung auskühlende Wärmemenge graphisch festgestellt. Dazu wird die Gleichung für die Speicherwärme

$$W_{Js} = \int_{r}^{r} 2\pi \cdot r \cdot dr \cdot R \cdot c \cdot (\vartheta_r - \vartheta_e)$$

aufgelöst in zwei Funktionen von r, nämlich in $y_1 = (\vartheta_r - \vartheta_e)$ und in $y_2 = 2 \cdot \pi \cdot r \cdot R \cdot c$. Damit wird $W_{Js} = \int_{r_i}^{r_a} y_1 \cdot y_2 \cdot dr$. Diese graphische Integration ergibt in Abb. 15 das Bild der Speicherwärme in der Isolierung, woraus die aus der Isolierung auskühlende Wärmemenge ablesbar ist. Die Auskühlung des Eisenrohres folgt ohne weiteres aus der Temperaturabnahme desselben, die des Kerns aus seiner Temperatur- und Druckabnahme. Den somit gewonnenen zeitlichen Verlauf der Auskühlung stellt Abb. 16 dar. Der Beharrungsverlust bleibt nach Beginn der Auskühlung noch knapp eine Viertelstunde bestehen. Dann fällt die Kurve ab, um dem Nullwert zuzustreben, den sie theoretisch erst in unendlicher Zeit erreicht. Daß der Auskühlverlust in der ersten Viertelstunde etwas größer als der Beharrungsverlust ist — 20,62 anstatt 20,42 —, was natürlich nicht denkbar ist, ist damit zu erklären, daß während der Ablesung der Thermoelemente wieder eine gewisse Auskühlzeit verstrich. Bei Beginn der Auskühlung wirkt sich naturgemäß diese unvermeidliche geringe zeitliche Verschiebung am stärksten aus, weil da die Temperatursenkung pro Zeiteinheit am größten ist. Die ausgekühlte Wärmemenge als Funktion der Auskühlzeit wird für 3 verschiedene Versuche in Abb. 17 dargestellt. Die Geraden stellen den Beharrungsverlust dar.

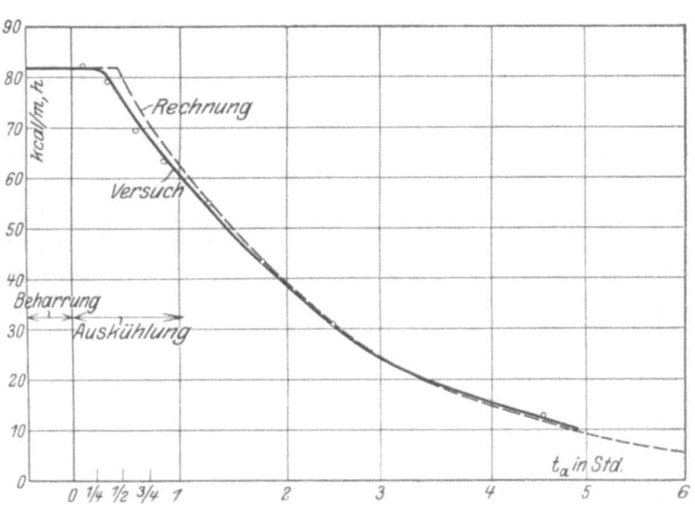

Abb. 16. Zeitlicher Verlauf der Auskühlung.

Die Kurven der Auskühlung sind im untersten Abschnitt identisch mit diesen, lösen sich dann ab und verlaufen in immer schwächerer Krümmung weiter, um im Unendlichen dem Wert der Gesamtspeicherwärme zuzustreben.

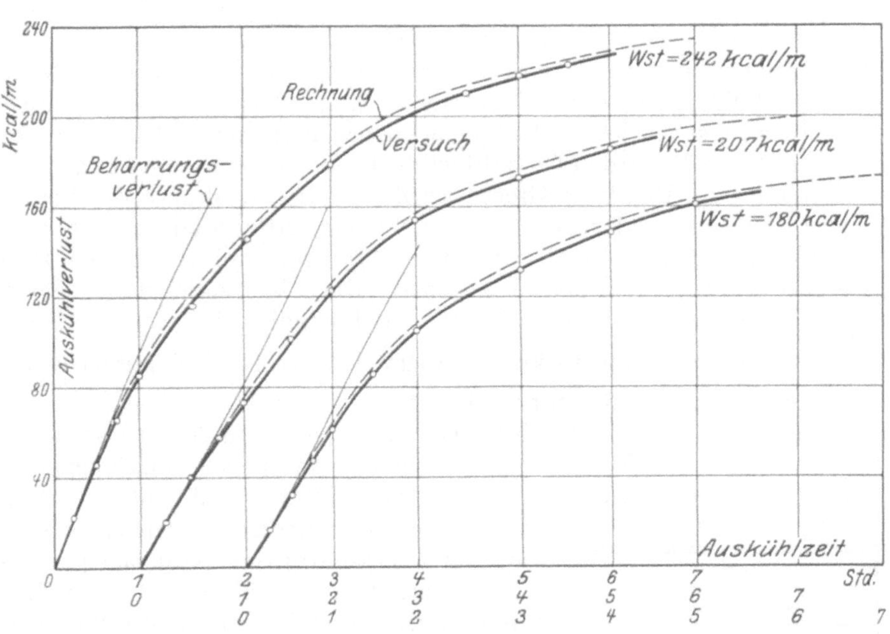

Abb. 17. Ausgekühlte Warmemenge.

lichen dem Wert der Gesamtspeicherwärme zuzustreben. Wägt man die Genauigkeit der für die Bestimmung der Auskühlung wichtigsten Faktoren λ, R, c und der Temperaturablesungen für die Gesamtgenauigkeit der Versuche ab und bedenkt, daß zeitliche Fehler in der Temperaturablesung sich fast vollkommen ausgleichen, so kann die Genauigkeit der Versuche zu etwa 2,5% angegeben werden.

d) Vergleich zwischen der experimentellen und mathematischen Erfassung der Auskühlung.

Der Vergleich der Versuchsergebnisse mit der mathematischen Erfassung der Auskühlung nach der theoretischen Näherungsformel soll uns zeigen, inwieweit die letztere den praktischen Verhältnissen, wie sie bei den Versuchen vorlagen, gerecht wird. In den Abb. 16 und 17 sind die entsprechenden Rechnungskurven zum Vergleich mit den Versuchskurven eingezeichnet. Auffallend ist zunächst, daß die Zeit t_u, also die Zeitdauer, über welche der Wärmstrom des Beharrungszustandes noch nach Beginn der Auskühlung bestehen bleibt, stets zu groß errechnet wird. Während der Zeit t_u findet die Umlagerung der Temperaturverteilung aus dem stationären Zustand in die des ersten Zustandes freier Strömung statt. Es wird also der Auskühlvorgang in zwei getrennte Abschnitte zerlegt. Der Fehler, der hiermit bewußt gegenüber der rein analytischen Methode gemacht wird, beträgt für die vorliegenden Verhältnisse etwa 4%. Zu dieser bewußten Vergrößerung von t_u kommt noch der Einfluß der Temperaturabhängigkeit der Wärmeleitzahl λ, der sich in gleicher Richtung bewegt. Aus Abb. 15 ist dies anschaulich zu erkennen. Die Näherungsformel rechnet mit einem konstanten λ, entsprechend einer logarithmischen Linie als Beharrungstemperaturkurve in der Isolierung. Log.-Linie und wirkliche Beharrungskurve sind in Abb. 15 an der Austrittsstelle und auch schon vorher vollkommen identisch, so daß für beide die gleiche an die Linie des stationären Zustandes außen tangierende Eigenfunktion (erste Besselsche Funktion) gilt, die die Wärmemenge $(1-\psi)\cdot W_{st}$ bestimmt. Zwischen Log.-Linie und wirklicher Beharrungskurve sind im vorliegenden Versuch aber noch 1,94 kcal/m aufgespeichert. Der Berechnung wurde der durch den Versuch festgestellte Wärmeinhalt W_{st} zugrunde gelegt. Dieser ist also größer als derjenige bei der Annahme einer Log.-Linie als Beharrungslinie. Daher wird notwendig auch die Zeit $t_u = (1-\psi)\frac{W_{st}}{q_{st}}$ vergrößert.

Nach der Umlagerung der Temperaturverteilung während der Zeit t_u setzt der zweite Abschnitt der Auskühlung mit dem Zustande der freien Strömung ein. Die rechnungsmäßige Auskühlkurve ist von jetzt ab die einer reinen Exponentialgleichung der Basis e. Der bisher gemachte Fehler wird sehr bald wieder kleiner durch etwas zu geringe Angabe von Auskühlwärme. In Abb. 16 nähert sich die Rechnungskurve der Versuchskurve immer mehr mit fortschreitender Auskühlung, ist zeitweilig identisch mit ihr und verläuft dann weiter unter dieser, weil die in den späteren Zeitabschnitten auskühlende Wärmemenge größer ist, als die Formel berechnet. Diese Verschiebung in dem zeitlichen Verlauf der Auskühlung kommt daher, daß die Formel mit dem Überleitverhältnis $\tau_a\delta = \frac{\alpha_a}{\lambda}\cdot\delta$ des Beharrungszustandes konstant für die ganze Auskühlzeit rechnet, in Wirklichkeit sich aber sowohl α_a als auch λ ändert.

Von größerem Interesse als der zeitliche Verlauf der Auskühlung ist der Vergleich der tatsächlich ausgekühlten Wärmemenge und der nach der Annäherungsformel berechneten. Abb. 17 läßt erkennen, daß die errechneten Werte wohl anfangs etwas zu groß sind infolge der zu großen Bestimmung von t_u, sich aber mit fortschreitender Auskühlung immer mehr den Versuchswerten nähern. In unendlicher Zeit müssen Versuch und Rechnung dasselbe ergeben, weil die Rechnung von W_{st} ausgeht und nur dieses in unendlicher Zeit auskühlen kann. Wie auch aus nebenstehender Zusammenstellung, die das Ergebnis eines Versuches dem der Rechnung gegenüberstellt, hervorgeht, gibt die Rechnung, wie auch zu erwarten war, stets einen etwas zu großen Auskühlverlust an. Die Abweichungen sind jedoch gering. Ihre Höhe richtet sich nach der prozentualen Auskühlung. Das zusammen-

Auskuhlzeit in st	Auskuhlverlust/m Rohr in kcal/m	
	nach Versuch	nach Rechnung
1/2	40,4	40,8
1	73,6	76,4
2	122,8	126,4
3	154,0	157,1
5	185,8	187,7

gefaßte Ergebnis aller Versuche ist, daß die Übereinstimmung zwischen den experimentellen Ergebnissen und denen der Rechnung bei einer 90proz. Auskühlung fast 1% beträgt und daß der Fehler für geringere prozentuale Auskühlung nie größer als 3% wird. Man kann also wohl sagen, daß diese allgemeingültige Näherungsformel die Auskühlung isolierter Rohrleitungen mit praktisch hinreichender Genauigkeit erfaßt, zumal wenn man bedenkt, daß die Toleranzgrenzen für die Garantie der Materialkonstanten der Isoliermittel stets größer sind.

e) Besprechung der Auskühlversuche von Cammerer.

Anschließend mögen die bekannten Auskühlversuche von Cammerer[2] besprochen werden. Die Berechnung der Auskühlung nach der theoretischen Näherungsformel für die den Cammererschen Versuchen zugrunde liegenden Verhältnisse ergibt, daß Versuch und Rechnung auf stark 4% übereinstimmen. Und zwar gibt letztere einen um diesen Prozentsatz zu große Wärmemenge an. Da die Theorie bei der in Frage kommenden prozentualen Auskühlung nach den eigenen Versuchen einen um 1 bis 1,5% zu großen Auskühlverlust errechnet, ergibt sich eine Übereinstimmung zwischen beiden Versuchsgruppen von etwa 3%. Diese Übereinstimmung ist recht gut, wenn man bedenkt, daß die äußeren Übergangsbedingungen in beiden voneinander unabhängigen Fällen nicht genau die gleichen waren und ihre Erfassung für die theoretische Rechnung nicht absolut genau möglich ist.

Trotz dieser guten Übereinstimmung der Versuche an sich führt die Berechnung des Auskühlverlustes auf Grund der von Cammerer aufgestellten Resttemperaturdifferenzen zu Abweichungen gegenüber der exakten Lösung, die in normalen Extremfällen bis zu 80 bis 100% betragen können. Diese Abweichungen rühren daher, daß der Einfluß der Wärmekapazität und der Wärmeleitzahl der Isoliermittel auf den prozentualen Betrag der Auskühlung in der Tabelle über die Resttemperaturdifferenzen nicht berücksichtigt ist, diese beiden Faktoren aber in der Hauptsache die Größe des Auskühlverlustes bedingen. Cammerer[2] weist jedoch schon selbst auf die Erweiterungsbedürftigkeit seiner angegebenen und nur als vorläufig bezeichneten Lösung des Auskühlproblems hin und fordert dazu auf, den Einfluß aller die Auskühlung bestimmenden Faktoren klarzulegen. Die theoretische Lösung berücksichtigt alle diese Größen, deren Einfluß aus dem noch folgenden Koeffizienten der Auskühlung ohne weiteres ablesbar ist. Damit dürfte die dem dringenden Bedürfnis entspringende vorläufige Lösung von Cammerer in der von ihm selbst gewünschten Richtung ersetzt sein.

B. Vereinfachte Berechnung der Auskühlung.

In der Näherungsformel für die Auskühlung

$$Q_0^{t_a} = W_{st}\left\{1 - \psi \cdot e^{-\frac{q_{st}}{\psi \cdot W_{st}}(t_a - t_u)}\right\},$$

worin $t_u = (1 - \psi)\frac{W_{st}}{q_{st}}$ bedeutet, ist nur unbekannt der Faktor ψ. Die übrigen Faktoren sind Größen des stationären Zustandes, für deren Erfassung in der einschlägigen Literatur* weit ausgebaute Zahlentafeln vorhanden sind. Es erübrigt sich also hier, auf den stationären Wärmeverlust und die Speicherwärme näher einzugehen.

Berechnung des Faktors ψ. Diese Näherungsformel gilt ganz allgemein für gerade Wände wie für Rohrleitungen. Je nachdem, welches System vorliegt, gelten für die Bestimmung des Faktors ψ verschiedene Bedingungsgleichungen, die in den Gl. (32a)

Anm.: Die Ziffern bei den Eigennamen, wie Cammerer[2], beziehen sich auf das am Schluß dieses Abschnittes befindliche Literaturverzeichnis.

* Siehe vor allem Literaturangabe Nr. 1.

Zahlentafel 1. α_a als Funktion vom Rohrdurchmesser, δ, λ, $(\vartheta_1 - \vartheta_e)$ für Innenleitungen.

Temperaturunterschied zwischen Wärmeträger und Luft = 100° C												
Rohrdurchmesser	λ	Isolierstärke δ in mm										
		20	30	40	50	60	70	80	100	125	150	200
32/38	0,05	7,86	7,56	7,41	7,33	7,26	7,22	7,18	—	—	—	—
	0,075	8,14	7,80	7,59	7,46	7,37	7,32	7,28	—	—	—	—
	0,10	8,37	8,00	7,75	7,60	7,48	7,41	7,35	—	—	—	—
	0,125	8,57	8,17	7,90	7,71	7,58	7,50	7,43	—	—	—	—
	0,15	8,73	8,30	8,03	7,82	7,67	7,59	7,50	—	—	—	—
51/57	0,05	7,93	7,62	7,45	7,35	7,29	7,24	7,20	7,16	—	—	—
	0,075	8,21	7,87	7,63	7,50	7,42	7,35	7,30	7,24	—	—	—
	0,10	8,43	8,05	7,80	7,65	7,54	7,45	7,40	7,31	—	—	—
	0,125	8,62	8,21	7,96	7,78	7,65	7,55	7,48	7,38	—	—	—
	0,15	8,79	8,37	8,10	7,90	7,75	7,65	7,56	7,44	—	—	—
88,5/95	0,05	7,98	7,68	7,51	7,40	7,33	7,29	7,23	7,18	7,15	—	—
	0,075	8,27	7,93	7,72	7,57	7,47	7,41	7,35	7,26	7,22	—	—
	0,10	8,51	8,12	7,90	7,73	7,60	7,51	7,46	7,36	7,28	—	—
	0,125	8,72	8,30	8,06	7,87	7,72	7,61	7,55	7,43	7,34	—	—
	0,15	8,90	8,47	8,18	8,00	7,83	7,70	7,62	7,50	7,40	—	—
203/216	0,05	—	7,75	7,56	7,45	7,38	7,33	7,29	7,23	7,17	7,14	7,10
	0,075	—	8,00	7,80	7,64	7,54	7,47	7,40	7,33	7,25	7,21	7,14
	0,10	—	8,23	8,00	7,80	7,68	7,59	7,51	7,41	7,33	7,27	7,20
	0,125	—	8,40	8,17	7,95	7,81	7,71	7,62	7,49	7,40	7,33	7,25
	0,15	—	8,56	8,30	8,10	7,94	7,83	7,73	7,57	7,46	7,39	7,29
402/420	0,05	—	—	7,60	7,48	7,41	7,35	7,31	7,25	7,19	7,16	7,12
	0,075	—	—	7,84	7,68	7,59	7,50	7,44	7,35	7,28	7,24	7,17
	0,10	—	—	8,06	7,87	7,75	7,64	7,56	7,44	7,36	7,30	7,23
	0,125	—	—	8,18	8,02	7,89	7,76	7,68	7,54	7,44	7,36	7,28
	0,15	—	—	8,35	8,15	8,03	7,87	7,80	7,63	7,51	7,43	7,33

und (32b) des I. Teiles wiedergegeben sind. Als allgemein variable Größen erscheinen darin

1. das Radienverhältnis r_a/r_i,
2. das äußere Überleitverhältnis $\tau_a\delta$,
3. das reziproke Zuflußverhältnis $\sigma\delta$,
4. der Parameter m.

Der Parameter m hat jeweils seine Parametergleichung zu erfüllen. Diese lautet z. B. für den allgemeinsten Fall der Rohrleitung

$$m\delta \cdot \frac{m\delta\{J_{0(mr_i)} \cdot Y_{1(mr_a)} - Y_{0(mr_i)} \cdot J_{1(mr_a)}\} - \sigma\delta\{J_{1(mr_i)} \cdot Y_{1(mr_a)} - Y_{1(mr_i)} \cdot J_{1(mr_a)}\}}{m\delta\{J_{0(mr_i)} \cdot Y_{0(mr_a)} - Y_{0(mr_i)} \cdot J_{0(mr_a)}\} - \sigma\delta\{J_{1(mr_i)} \cdot Y_{0(mr_a)} - Y_{1(mr_i)} \cdot J_{0(mr_a)}\}} = \tau_a\delta .$$

Um probeweises Rechnen zu vermeiden, wählt man ein bestimmtes $m\delta$ zu einem angenommenen $\sigma\delta$ und bestimmt dazu aus der Parametergleichung den Wert $\tau_a\delta$. Der Parameter m muß nämlich ganz genau seine Gleichung erfüllen. Deshalb nimmt man ihn an, um mit den in dem Tabellenwerk „Jahnke und Emde“[3] angegebenen Werten der Besselschen Funktionen möglichst ohne Interpolation auskommen zu können. Trotzdem mußten noch etwa 1000 Zwischenwerte der Besselschen Funktionen Y_0 und Y_1 berechnet werden. Die drei Werte für $m\delta$, $\tau_a\delta$ und $\sigma\delta$, die jetzt die Parametergleichung genau erfüllen, setzt man in die Gleichung 32b für ψ ein und berechnet dieses. Hierbei wird angenommen, daß die innere Wärmeübergangszahl unendlich ist, daß dort also kein Temperatursprung besteht. Bei Warmwasser- und Sattdampfleitungen trifft dies stets mit genügender Annäherung zu. Wird für Heißdampfleitungen $\alpha_i \leqq 200$, so ist lediglich der Kerninhalt auf die Temperatur der inneren Isolieroberfläche zu beziehen. Da aber diese Temperatur gleich der Rohrtemperatur ist, und der Inhalt des Wärme-

Zahlentafel 1 (Fortsetzung).

Temperaturunterschied zwischen Wärmetrager und Luft = 200° C												
Rohrdurchmesser	λ	Isolierstärke δ in mm										
		20	30	40	50	60	70	80	100	125	150	200
32/38	0,05	8,56	8,05	7,77	7,60	7,51	7,43	7,36	—	—	—	—
	0,075	9,10	8,43	8,09	7,87	7,71	7,61	7,51	—	—	—	—
	0,10	9,52	8,78	8,38	8,10	7,90	7,77	7,66	—	—	—	—
	0,125	9,83	9,07	8,61	8,31	8,09	7,93	7,80	—	—	—	—
	0,15	10,2	9,35	8,82	8,50	8,26	8,09	7,93	—	—	—	—
51/57	0,05	8,67	8,11	7,85	7,68	7,56	7,46	7,40	7,32	—	—	—
	0,075	9,19	8,55	8,18	7,95	7,77	7,66	7,58	7,45	—	—	—
	0,10	9,62	8,90	8,47	8,20	8,01	7,85	7,74	7,57	—	—	—
	0,125	9,97	9,22	8,73	8,42	8,20	8,03	7,89	7,68	—	—	—
	0,15	10,3	9,51	8,96	8,62	8,37	8,19	8,03	7,78	—	—	—
88,5/95	0,05	8,75	8,23	7,93	7,75	7,62	7,52	7,45	7,35	7,27	—	—
	0,075	9,31	8,63	8,30	8,06	7,87	7,75	7,65	7,51	7,40	—	—
	0,10	9,77	9,02	8,57	8,31	8,11	7,95	7,84	7,65	7,52	—	—
	0,125	10,1	9,35	8,87	8,54	8,32	8,13	8,00	7,79	7,61	—	—
	0,15	10,4	9,65	9,16	8,77	8,51	8,30	8,15	7,93	7,71	—	—
203/216	0,05	—	8,36	8,04	7,85	7,72	7,62	7,53	7,42	7,34	7,26	7,17
	0,075	—	8,79	8,43	8,19	8,00	7,87	7,76	7,60	7,48	7,40	7,27
	0,10	—	9,20	8,76	8,48	8,26	8,11	7,96	7,77	7,61	7,51	7,36
	0,125	—	9,53	9,05	8,73	8,48	8,31	8,14	7,93	7,74	7,61	7,44
	0,15	—	9,83	9,33	8,97	8,70	8,50	8,32	8,08	7,87	7,70	7,52
402/420	0,05	—	—	8,10	7,90	7,76	7,61	7,56	7,49	7,37	7,31	7,22
	0,075	—	—	8,50	8,26	8,07	7,93	7,81	7,69	7,54	7,45	7,32
	0,10	—	—	8,86	8,57	8,36	8,17	8,05	7,88	7,68	7,57	7,42
	0,125	—	—	9,17	8,84	8,60	8,40	8,26	8,04	7,82	7,68	7,51
	0,15	—	—	9,47	9,10	8,83	8,60	8,45	8,18	7,95	7,78	7,60

trägerkerns bei Heißdampf gegenüber dem des Rohres keine Rolle spielt, läßt sich für die Bestimmung des reziproken Zuflußverhältnisses einfach $W_K = W_E$ setzen.

In der Zahlentafel 4 ist ψ in Abhängigkeit der bestimmenden Faktoren zusammengestellt. Darin ist ψ aufgeführt für $r_a/r_i = 1$ (gerade Wand); 1,5; 2 usw. bis $r_a/r_i = 4$. Damit werden alle Normalfälle umfaßt. Für den seltenen Fall, daß das Radienverhältnis größer als 4 ist, wie dies etwa bei Einführung von Beharrungsmassen vorkommen kann, sind noch die Werte des Grenzfalles $\sigma\delta = \infty$ für den Vollzylinder, also $r_a/r_i = \infty$, angegeben. Da mit wachsendem r_a/r_i die Werte für ψ sehr schnell ihrem Kleinstwert $\psi = 0{,}69$ zustreben, weichen die Werte für $r_a/r_i = 4$ nur wenig mehr von denen für $r_a/r_i = \infty$ ab. Eine Interpolation zwischen beiden ist also mit hinreichender Genauigkeit möglich. Die Punktdichte für $\tau_a\delta$ und $\sigma\delta$ ist dem Charakter ihrer Kurven gemäß für beide zwischen Null und ∞ so gewählt, daß der Unterschied zweier benachbarter ψ-Werte höchstens 1% beträgt. In den meisten Fällen ist er noch weit geringer.

Da die ψ-Werte keine gleichmäßige einheitliche Tendenz aufweisen, sei auf ihre Abhängigkeit von den bestimmenden Faktoren näher eingegangen. Charakteristisch ist, daß ψ für alle $\sigma\delta$ bei kleinem $\tau_a\delta$ sehr schnell kleiner wird, um von etwa $\tau_a\delta = 3 - 4$ ab langsam dem Unendlichkeitswert für $\tau_a\delta$ zuzustreben. Dies prägt sich am schärfsten aus bei hohem Radienverhältnis und Zufluß, also $\sigma\delta =$ endlich, und ist meist so stark, daß die Werte mit steigendem $\tau_a\delta$ vielfach wieder größer werden. Graphisch dargestellt verlaufen die Kurven für bestimmte $\sigma\delta$ bei kleinem $\tau_a\delta$ sehr steil, überschneiden teilweise ihre obere Grenzkurve $\sigma\delta = \infty$ und haben vielfach mit wachsendem $\tau_a\delta$ wieder eine fallende Tendenz zu ihrer Asymptote hin. Diese etwas merkwürdige Abhängigkeit des ψ von seinen Bestimmungsgrößen erklärt sich aus dem Einfluß des Kerns auf ψ.

Zahlentafel 1 (Fortsetzung).

Temperaturunterschied zwischen Warmetrager und Luft = 300° C												
Rohr-durchmesser	λ	Isolierstarke δ in mm										
		20	30	40	50	60	70	80	100	125	150	200
	0,05	9,23	8,53	8,14	7,90	7,74	7,61	7,51	—	—	—	—
	0,075	9,91	9,10	8,60	8,28	8,06	7,87	7,74	—	—	—	—
32/38	0,10	10,5	9,54	9,00	8,60	8,33	8,12	7,96	—	—	—	—
	0,125	11,0	9,92	9,30	8,89	8,59	8,37	8,17	—	—	—	—
	0,15	11,4	10,3	9,60	9,18	8,82	8,59	8,37	—	—	—	—
	0,05	9,40	8,65	8,23	7,98	7,80	7,67	7,56	7,45	—	—	—
	0,075	10,1	9,24	8,73	8,40	8,13	7,95	7,83	7,66	—	—	—
51/57	0,10	10,7	9,71	9,12	8,76	8,47	8,24	8,06	7,85	—	—	—
	0,125	11,2	10,1	9,47	9,03	8,72	8,50	8,29	8,02	—	—	—
	0,15	11,6	10,5	9,80	9,35	9,01	8,74	8,50	8,19	—	—	—
	0,05	9,53	8,81	8,36	8,09	7,90	7,76	7,65	7,51	7,40	—	—
	0,075	10,4	9,40	8,90	8,53	8,28	8,08	7,94	7,75	7,58	—	—
88,5/95	0,10	10,9	9,90	9,32	8,91	8,63	8,38	8,21	7,97	7,75	—	—
	0,125	11,4	10,3	9,68	9,24	8,93	8,65	8,47	8,17	7,91	—	—
	0,15	11,8	10,7	10,0	9,56	9,20	8,90	8,70	8,36	8,05	—	—
	0,05	—	8,97	8,54	8,24	8,04	7,90	7,76	7,61	7,47	7,40	7,30
	0,075	—	9,60	9,10	8,73	8,47	8,25	8,11	7,88	7,68	7,58	7,43
203/216	0,10	—	10,1	9,53	9,16	8,82	8,62	8,40	8,13	7,90	7,74	7,55
	0,125	—	10,5	9,90	9,47	9,14	8,90	8,66	8,37	8,07	7,89	7,66
	0,15	—	10,9	10,3	9,80	9,47	9,18	8,94	8,58	8,26	8,05	7,76
	0,05	—	—	8,63	8,35	8,12	7,98	7,87	7,68	7,54	7,45	7,33
	0,075	—	—	9,18	8,83	8,57	8,37	8,20	7,98	7,76	7,62	7,46
402/420	0,10	—	—	9,65	9,27	8,98	8,74	8,55	8,26	8,00	7,82	7,60
	0,125	—	—	10,0	9,61	9,30	9,02	8,82	8,50	8,20	8,00	7,75
	0,15	—	—	10,4	9,98	9,61	9,31	9,11	8,74	8,43	8,17	7,87

Die beiden Grenzfälle hierfür sind folgende: Der Wärmeinhalt der Isolierung verschwindet gegenüber dem des Kerns, der Zufluß ist also so groß, daß ψ dem Höchstwert 1 zustrebt. Im umgekehrten Falle, daß der Kerninhalt gegenüber der Speicherwärme der Isolierung (Wand) vernachlässigbar klein ist, wird ψ durch seine alleinige Abhängigkeit von $\tau_a \delta$ und r_a/r_i klein werden müssen.

Die ψ-Werte wurden auf 0,3% genau berechnet, in großem logarithmischen Maßstab zu Kurven aufgetragen und die Zwischenwerte abgelesen. Die Gesamtgenauigkeit aller Tabellenwerte ist somit so groß, daß das Aufsuchen eines beliebigen Wertes selbst durch grobe Interpolation mit einer Genauigkeit von etwa 1% möglich ist. Diese Genauigkeit ist in vielen Fällen nicht mal erforderlich, zumal der bei der Bestimmung von ψ gemachte Fehler sich nur zum Teil in der Berechnung des Auskühlverlustes auswirkt.

a) Die Bestimmungsgröße $\tau_a \delta$.

Der Tabelle über ψ möge die einfache Bestimmung des Überleit- und reziproken Zuflußverhältnisses vorangesetzt werden. Zur Feststellung des Überleitverhältnisses $\tau_a \delta = \frac{\alpha_a}{\lambda} \cdot \delta$ ist die Kenntnis der äußeren Übergangszahl nötig. Für die Wärmeübergangszahl von isolierten Rohrleitungen in ruhender Luft gibt Nusselt[4] die Formel an:

$$\alpha_a = 1{,}02 \cdot \sqrt[4]{\frac{\vartheta_a - \vartheta_e}{d_a}} + c \cdot C_1 .$$

Mit einer mittleren Strahlungskonstante C_1 der Isolieroberflächen von 4,4 kcal/m², h, (° C)⁴ nach den neueren Versuchen von E. Schmidt[5] ergeben sich die in Abb. 18 dargestellten

Zahlentafel 1 (Fortsetzung).

Rohr-durchmesser	λ	Temperaturunterschied zwischen Wärmeträger und Luft = 400° C										
		Isolierstarke δ in m/m										
		20	30	40	50	60	70	80	100	125	150	200
32/38	0,05	9,78	8,94	8,45	8,17	7,96	7,80	7,68	—	—	—	—
	0,075	10,6	9,61	9,00	8,60	8,33	8,17	8,00	—	—	—	—
	0,10	11,3	10,2	9,48	9,02	8,70	8,45	8,26	—	—	—	—
	0,125	11,9	10,6	9,84	9,36	9,00	8,71	8,49	—	—	—	—
	0,15	12,4	11,1	10,2	9,68	9,30	8,98	8,72	—	—	—	—
51/57	0,05	9,95	9,10	8,58	8,27	8,05	7,90	7,76	7,59	—	—	—
	0,075	10,8	9,80	9,19	8,76	8,45	8,24	8,11	7,85	—	—	—
	0,10	11,5	10,3	9,70	9,21	8,82	8,58	8,37	8,10	—	—	—
	0,125	12,1	10,8	10,1	9,53	9,18	8,88	8,62	8,31	—	—	—
	0,15	12,7	11,3	10,4	9,90	9,51	9,19	8,90	8,50	—	—	—
88,5/95	0,05	10,1	9,25	8,73	8,40	8,19	8,00	7,87	7,68	7,51	—	—
	0,075	11,0	10,0	9,36	8,93	8,61	8,40	8,20	7,96	7,75	—	—
	0,10	11,7	10,6	9,83	9,40	9,03	8,76	8,54	8,23	7,96	—	—
	0,125	12,4	11,1	10,3	9,78	9,36	9,08	8,83	8,46	8,17	—	—
	0,15	13,0	11,6	10,7	10,2	9,72	9,40	9,11	8,71	8,38	—	—
203/216	0,05	—	9,44	8,94	8,60	8,36	8,18	8,00	7,80	7,61	7,51	7,32
	0,075	—	10,2	9,60	9,18	8,83	8,61	8,40	8,15	7,92	7,75	7,52
	0,10	—	10,8	10,2	9,69	9,30	9,03	8,77	8,44	8,18	7,98	7,70
	0,125	—	11,4	10,6	10,1	9,70	9,36	9,10	8,72	8,39	8,18	7,86
	0,15	—	11,9	11,0	10,4	10,0	9,70	9,42	8,98	8,61	8,37	8,00
402/420	0,05	—	—	9,05	8,70	8,43	8,24	8,11	7,91	7,74	7,60	7,41
	0,075	—	—	9,71	9,30	8,98	8,73	8,53	8,26	8,03	7,85	7,62
	0,10	—	—	10,3	9,80	9,47	9,18	8,96	8,60	8,30	8,09	7,81
	0,125	—	—	10,7	10,2	9,83	9,52	9,26	8,87	8,54	8,31	7,98
	0,15	—	—	11,2	10,6	10,2	9,87	9,60	9,17	8,80	8,50	8,15

Werte der Übergangszahl. Diese Nusseltsche Formel ist zwar allgemeingültig, für unsere Rechnung ist sie jedoch zu kompliziert. Deshalb ist die vereinfachte Formel aufgestellt: $\alpha_a = 7 + 0{,}045\,(\vartheta_a - \vartheta_e)$. Sie weicht für Extremwerte zwar noch erheblich — etwa 15 bis 20% — von der Nusseltschen ab, ist aber trotzdem hinreichend genau, weil diese Abweichungen sich bei der Bestimmung des Wertes ψ nur zu höchstens 1,5% auswirken. Meist ist der Fehler noch bedeutend kleiner. Bedenkt man, daß die den Wärmeübergang bestimmenden Faktoren, vor allem die Luftbewegung, im praktischen Betriebe leicht Veränderungen unterworfen sind, so genügt obige Genauigkeit. Eine allzu große Sorgfalt in der Bestimmung von α_a wird praktisch kaum zu genaueren Rechenergebnissen führen. Auf Grund der vereinfachten Formel ist die Wärmeübergangszahl für isolierte Rohrleitungen in Innenräumen in der Zahlentafel 1 als Funktion vom Rohrdurchmesser, der Isolierstärke, der Wärmeleitzahl des Isoliermittels und der Temperaturdifferenz zwischen Rohr und Luft, also in Abhängigkeit von nur bekannten Größen zusammengestellt, so daß ein direktes Ablesen der Übergangszahl möglich ist.

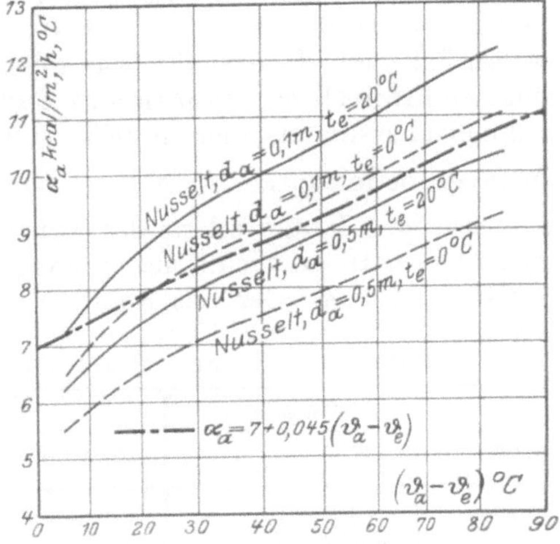

Abb. 18. Wärmeübergangszahlen von isolierten Rohren an ruhende Luft.

Um auch in gleich einfacher Weise das Überleitverhältnis der isolierten Freileitungen bestimmen zu können, seien in der Zahlentafel 2 die Nusseltschen Werte[6] der Übergangszahlen isolierter Rohre bei Windanfall wiedergegeben. Da Nusselt den Strahlungsanteil nicht eingerechnet hat, wurde dieser auf Grund der mittleren Strahlungskonstante $C_1 = 4{,}4$ mit 6,6 kcal/m², h, °C berücksichtigt. Der Einfluß der Temperatur tritt hinter dem des Windanfalls vollkommen zurück, so daß die Tabellenwerte sich für eine andere Oberflächentemperatur als 100° C nur wenig ändern.

Zahlentafel 2. Wärmeübergangszahl α_a isolierter Rohre bei Windanfall quer zum Rohr und 100° C Oberflächen- und 20° C Lufttemperatur.

Äußerer Isolierdurchmesser in m/m	Windgeschwindigkeit in m/sec								
	1	2	3	4	5	10	15	20	25
52	18,5	24,0	29,1	33,4	37,6	56,5	71,6	85,5	99,9
76	16,5	21,6	26,1	31,1	33,9	50,4	64,7	77,7	89,9
102	15,4	20,1	24,1	27,9	31,4	46,8	59,9	72,1	82,7
127	14,6	19,1	22,9	26,2	29,7	44,0	56,7	68,0	78,6
152	14,1	18,3	22,0	25,4	28,5	42,1	53,8	64,6	74,8
178	13,6	17,7	21,3	24,5	27,5	40,5	51,8	62,2	71,8
203	13,3	17,3	20,7	23,8	26,6	39,2	50,7	59,9	69,2
300	12,3	15,7	18,9	21,3	23,9	34,7	44,6	53,3	61,2
400	11,6	14,5	17,2	19,3	21,5	30,9	39,4	46,0	54,0
500	10,9	13,7	15,9	18,1	19,9	28,5	36,9	42,9	49,3

b) Die Bestimmungsgröße $\sigma\delta$.

Die Gleichung des reziproken Zuflußverhältnisses für isolierte Rohrleitungen lautet:

$$\sigma\delta = \frac{\vartheta_{i\,st} \cdot 2\pi r_i \cdot R \cdot c}{W_{k\,st}} = \frac{2\pi r_i \cdot R \cdot c}{V_k \cdot \gamma_k \cdot c_k}.$$

Grundsätzlich sind hierfür zu unterscheiden Leitungen mit Dampf und Gase als Wärmeträger und die Warmwasserleitungen. Bei ersteren spielt der Wärmeträger wegen seiner geringen Wärmekapazität gegenüber dem Eisenrohr, das ja auch zum Kern rechnet, keine nennenswerte Rolle, so daß $V_k \cdot \gamma_k \cdot c_k = V_E \cdot \gamma_E \cdot c_E$ gesetzt werden kann. Im zweiten Falle ist dagegen der Wasserkern auf die Größe von $\sigma\delta$ ausschlaggebend. Zur einfachen Ermittlung von $\sigma\delta$ sind in Zahlentafel 3 Einheitswerte für σ als Funktion vom Rohrdurchmesser zusammengestellt. Den Tabellenwerten liegt ein $c \cdot R = 100$ zugrunde. Um für ein beliebiges $c \cdot R$ den Wert für σ zu bekommen, ist der Tabellenwert mit $\frac{c \cdot R}{100}$ zu multiplizieren. Entsprechend der Temperaturabhängigkeit der spezifischen Wärme und des spezifischen Gewichtes des Wassers sind die Werte noch mit einem Temperaturkorrekturfaktor k_t, der vom Rohrdurchmesser unabhängig ist, zu multiplizieren.

Zahlentafel 3. Einheitswerte für σ als Funktion vom Rohrdurchmesser.

Rohrdurchmesser	Wärmeträger		Rohrdurchmesser	Wärmeträger		Rohrdurchmesser	Wärmeträger	
	Dampf und Gase	Wasser		Dampf und Gase	Wasser		Dampf und Gase	Wasser
26/32	39,2	13,3	82,5/89	34,0	4,73	180/191	19,9	2,20
32/38	38,5	11,2	88,5/95	34,0	4,43	203/216	16,9	1,95
35,5/41,5	38,2	10,2	100,5/108	29,4	3,90	228/241	16,8	1,74
41,5/47,5	37,9	8,91	113/121	27,5	3,48	253/267	15,6	1,57
45/51	37,7	8,29	119/127	27,5	3,32	277/292	14,6	1,44
51/57	37,4	7,41	125/133	27,4	3,15	303/318	14,5	1,32
54/60	37,4	7,04	131/140	24,4	3,02	327/343	13,6	1,22
57,5/63,5	37,4	6,65	143/152	24,4	2,75	352/368	13,6	1,18
64/70	37,1	6,02	150/159	24,3	2,65	377/394	12,8	1,06
70/76	37,0	5,54	162/171	24,3	2,46	402/420	12,1	0,998

Hilfstabelle 3a. Temperaturkorrekturfaktor k_t bei Dampf und Gase als Wärmeträger.

ϑ_i °C	100	150	200	250	300	350	400	450	500	600
k_t	1,044	1,022	1,000	0,975	0,952	0,934	0,916	0,895	0,876	0,845

Hilfstabelle 3b. Temperaturkorrekturfaktor k_t bei Wasser als Wärmeträger.

ϑ_i °C	40	60	80	100	120	140	160	180	200
k_t	0,972	0,980	0,989	1,000	1,014	1,027	1,042	1,060	1,080

Als Beispiel zum Gebrauch der Tabelle möge für folgende Verhältnisse das reziproke Zuflußverhältnis berechnet werden.

Rohrdurchmesser = 113/121 mm; Isolierstärke $\delta = 80$ mm.

Wärmekapazität der Isolierung $c \cdot R = 60$ kcal/m³, ° C.

Wärmeträger: Heißdampf, $\vartheta_i = 300°$ C.

$$\sigma\delta = \text{Einheitswert} \cdot \frac{c \cdot R}{100} \cdot k_t \cdot \delta = 27{,}5 \cdot \frac{60}{100} \cdot 0{,}952 \cdot 0{,}08 = \mathbf{1{,}255}.$$

c) Rechnungstafel zur Ermittlung des prozentualen Auskühlverlustes.

Alle in der allgemeinen Auskühlformel vorkommenden Größen sind nunmehr leicht zu ermitteln. Zur Vereinfachung der Berechnung der Auskühlung selbst dient die Rechnungstafel II, die die graphische Lösung der Auskühlgleichung wiedergibt. Zur nomographischen Darstellung muß die Gleichung zunächst durch Einsetzen von $\psi = 1$ vereinfacht werden, womit man erhält

$$\frac{Q_0^{t_a}}{W_{st}} = \left\{1 - e^{-\frac{q_{st}}{W_{st}} \cdot t_a}\right\}.$$

Im ersten Felde wird dargestellt $\frac{q_{st}}{W_{st}}$, im zweiten wird dieser Quotient mit t_a multipliziert, um damit den Exponenten von e zu erhalten. Im dritten Felde wird die Exponentialgleichung gelöst. Die Wendepunkte der Kurve rühren da her, daß der Exponent in logarithmischem Maßstab, $\frac{Q_0^{t_a}}{W_{st}}$ dagegen in numerischem Maßstab aufgetragen ist. Um zur vollständigen Lösung der Auskühlformel zu kommen, wird im letzten Felde wieder ψ eingeführt. $\psi = 1$ ergibt in der vorliegenden Darstellung eine gerade Linie, da dafür die Lösung der vereinfachten Gleichung mit der vollständigen übereinstimmt. Für $\psi < 1$ und derartig kurze Auskühlzeiten, daß die auskühlende Wärmemenge ganz unter dem noch bleibenden stationären Wärmestrom abfließt, also $t_u \geqq t_a$, bildet die Überführung eine Kurve, die bei $\frac{Q_0^{t_a}}{W_{st}} = 0$ die Gerade für $\psi = 1$ zur Tangente hat und entgegengesetzte Krümmung aufweist wie die Kurven für $\psi < 1$ und $t_a > t_u$, da, solange $t_u \geqq t_a$ ist, der Exponent von e positiv ist. Die Kurven für ψ gehen in dieses Kurvenstück über. Der jeweilige Wendepunkt liegt an der Stelle $\frac{Q_0^{t_a}}{W_{st}}$, für die $t_u = t_a$ ist.

Die Tafel läßt deutlich den Einfluß von ψ auf die Auskühlung erkennen. Systeme von gleichem stationärem Wärmeverlust und gleich großer Speicherwärme können in der gleichen Auskühlzeit eine bis zu 25% verschiedene prozentuale Auskühlung haben, je nachdem, wie groß ψ ist. Je kleiner dieser Faktor ist, um so größer ist die relative Auskühlgeschwindigkeit.

Der Gebrauch der Tafel ist leicht an dem eingezeichneten Beispiel (Linienzug *a*—*e*) zu ersehen. Die Genauigkeit dieser einfachen graphischen Lösung der Auskühlformel beträgt entsprechend der Größe der Tafel etwa 2%. Es ist zu beachten, daß W_{st} in logarithmischem Maßstab aufgetragen ist, die prozentuale Auskühlung dagegen in numerischem Maßstab abgelesen wird.

d) Zahlentafel über ψ.

Zahlentafel 4. ψ als Funktion von $\tau_a \delta$, $\sigma \delta$ bei $\frac{r_a}{r_i} = 1$.

$\tau_a \delta =$	0	0,5	0,6	0,7	0,8	0,9	1,0	1,1	1,2	1,4	1,6	1,8
$\sigma \delta =$												
0,00	1,0	1,000	1,000	1,000	1,000	1,000	1,000	1,000	1,000	1,000	1,000	1,000
0,025	1,0	0,997	0,997	0,997	0,997	0,997	0,997	0,997	0,997	0,997	0,997	0,997
0,05	1,0	0,995	0,995	0,994	0,994	0,994	0,994	0,994	0,994	0,994	0,994	0,994
0,075	1,0	0,991	0,990	0,990	0,990	0,990	0,990	0,990	0,990	0,990	0,990	0,990
0,10	1,0	0,987	0,986	0,986	0,986	0,986	0,985	0,985	0,985	0,985	0,985	0,985
0,125	1,0	0,987	0,984	0,984	0,983	0,983	0,982	0,982	0,982	0,982	0,982	0,981
0,15	1,0	0,983	0,982	0,981	0,980	0,979	0,979	0,979	0,978	0,978	0,978	0,977
0,175	1,0	0,982	0,980	0,979	0,978	0,977	0,977	0,976	0,976	0,975	0,975	0,974
0,20	1,0	0,980	0,978	0,977	0,976	0,975	0,974	0,973	0,973	0,972	0,972	0,971
0,25	1,0	0,977	0,974	0,972	0,971	0,969	0,968	0,968	0,967	0,966	0,966	0,965
0,30	1,0	0,973	0,970	0,968	0,967	0,965	0,964	0,963	0,962	0,961	0,960	0,960
0,35	1,0	0,970	0,967	0,965	0,963	0,961	0,960	0,958	0,957	0,956	0,955	0,954
0,40	1,0	0,966	0,963	0,961	0,959	0,957	0,956	0,954	0,953	0,951	0,950	0,949
0,45	1,0	0,963	0,959	0,957	0,954	0,952	0,951	0,950	0,949	0,947	0,945	0,944
0,50	1,0	0,960	0,956	0,953	0,950	0,949	0,947	0,946	0,945	0,943	0,941	0,940
0,55	1,0	0,958	0,954	0,951	0,948	0,946	0,944	0,943	0,941	0,939	0,938	0,936
0,60	1,0	0,956	0,952	0,949	0,945	0,943	0,941	0,939	0,938	0,936	0,934	0,933
0,65	1,0	0,954	0,950	0,946	0,943	0,940	0,938	0,936	0,934	0,932	0,930	0,929
0,70	1,0	0,952	0,948	0,943	0,940	0,937	0,935	0,933	0,931	0,928	0,926	0,925
0,80	1,0	0,950	0,945	0,940	0,937	0,933	0,930	0,928	0,926	0,923	0,920	0,918
0,90	1,0	0,948	0,943	0,938	0,935	0,931	0,927	0,924	0,922	0,919	0,915	0,913
1,00	1,0	0,947	0,941	0,937	0,933	0,929	0,925	0,921	0,919	0,915	0,911	0,909
1,10	1,0	0,946	0,940	0,935	0,931	0,927	0,923	0,920	0,917	0,912	0,909	0,906
1,20	1,0	0,945	0,939	0,934	0,930	0,926	0,921	0,918	0,915	0,910	0,906	0,903
1,40	1,0	0,943	0,937	0,932	0,927	0,923	0,919	0,915	0,911	0,905	0,900	0,897
1,70	1,0	0,941	0,933	0,926	0,921	0,915	0,911	0,907	0,903	0,898	0,893	0,889
2,00	1,0	0,938	0,930	0,923	0,917	0,912	0,907	0,903	0,899	0,893	0,888	0,884
2,50	1,0	0,936	0,927	0,920	0,914	0,909	0,904	0,899	0,895	0,889	0,883	0,879
3,00	1,0	0,934	0,925	0,917	0,911	0,905	0,900	0,895	0,891	0,885	0,879	0,875
5,00	1,0	0,935	0,925	0,917	0,910	0,904	0,899	0,894	0,890	0,883	0,877	0,871
10,00	1,0	0,935	0,925	0,917	0,910	0,903	0,898	0,893	0,888	0,880	0,872	0,866
∞	1,0	0,939	0,930	0,921	0,914	0,907	0,901	0,896	0,891	0,882	0,874	0,868

Zahlentafel 4 (Fortsetzung). ψ als Funktion von $\tau_a\delta$, $\sigma\delta$ bei $\frac{r_a}{r_i} = 1$.

$\tau_a\delta =$	1,8	2,0	2,4	2,8	3,4	4,0	5,0	7,0	10,0	20,0	60,0	∞
$\sigma\delta =$												
0,00	1,000	1,000	1,000	1,000	1,000	1,000	1,000	1,000	1,000	1,000	1,000	1,000
0,025	0,997	0,997	0,997	0,997	0,997	0,997	0,997	0,997	0,997	0,997	0,997	0,997
0,05	0,994	0,994	0,994	0,994	0,994	0,994	0,994	0,994	0,994	0,994	0,994	0,994
0,075	0,990	0,990	0,990	0,990	0,990	0,990	0,990	0,990	0,990	0,990	0,990	0,990
0,10	0,985	0,985	0,985	0,985	0,985	0,985	0,985	0,985	0,985	0,985	0,985	0,985
0,125	0,981	0,981	0,981	0,981	0,981	0,981	0,981	0,981	0,981	0,981	0,981	0,981
0,15	0,977	0,977	0,977	0,977	0,977	0,977	0,977	0,977	0,976	0,976	0,976	0,976
0,175	0,974	0,974	0,974	0,974	0,973	0,973	0,973	0,973	0,973	0,972	0,972	0,972
0,20	0,971	0,971	0,970	0,970	0,970	0,970	0,970	0,970	0,969	0,968	0,968	0,969
0,25	0,965	0,965	0,964	0,964	0,964	0,964	0,963	0,963	0,962	0,962	0,962	0,963
0,30	0,960	0,959	0,959	0,958	0,958	0,957	0,957	0,957	0,957	0,956	0,956	0,957
0,35	0,954	0,953	0,952	0,952	0,952	0,951	0,951	0,951	0,951	0,950	0,950	0,951
0,40	0,949	0,948	0,947	0,947	0,946	0,946	0,945	0,945	0,945	0,945	0,945	0,946
0,45	0,944	0,943	0,942	0,942	0,941	0,940	0,940	0,940	0,940	0,940	0,940	0,941
0,50	0,940	0,939	0,938	0,937	0,936	0,935	0,934	0,934	0,934	0,934	0,934	0,935
0,55	0,936	0,936	0,934	0,933	0,932	0,932	0,931	0,931	0,931	0,931	0,931	0,932
0,60	0,933	0,932	0,930	0,929	0,928	0,928	0,927	0,927	0,927	0,927	0,927	0,928
0,65	0,929	0,928	0,926	0,925	0,924	0,924	0,923	0,923	0,923	0,923	0,923	0,924
0,70	0,925	0,924	0,922	0,921	0,920	0,920	0,919	0,918	0,918	0,918	0,918	0,919
0,80	0,918	0,917	0,915	0,914	0,913	0,912	0,912	0,911	0,911	0,911	0,911	0,912
0,90	0,913	0,912	0,910	0,908	0,907	0,905	0,905	0,905	0,905	0,905	0,905	0,906
1,00	0,909	0,907	0,905	0,903	0,901	0,900	0,899	0,899	0,899	0,899	0,899	0,900
1,10	0,906	0,904	0,901	0,899	0,897	0,896	0,895	0,894	0,893	0,893	0,893	0,894
1,20	0,903	0,901	0,897	0,895	0,894	0,892	0,891	0,890	0,889	0,889	0,889	0,890
1,40	0,897	0,894	0,891	0,888	0,885	0,884	0,882	0,881	0,880	0,880	0,880	0,881
1,70	0,889	0,886	0,882	0,879	0,876	0,874	0,872	0,870	0,869	0,868	0,868	0,870
2,00	0,884	0,881	0,876	0,873	0,869	0,867	0,865	0,862	0,861	0,860	0,860	0,862
2,50	0,879	0,876	0,870	0,866	0,862	0,859	0,856	0,853	0,852	0,852	0,852	0,952
3,00	0,875	0,871	0,865	0,861	0,857	0,853	0,849	0,847	0,846	0,845	0,845	0,844
5,00	0,871	0,867	0,859	0,853	0,847	0,842	0,837	0,833	0,831	0,830	0,830	0,829
10,00	0,866	0,860	0,852	0,846	0,840	0,835	0,830	0,824	0,820	0,818	0,818	0,817
∞	0,868	0,862	0,853	0,847	0,840	0,834	0,829	0,821	0,817	0,812	0,811	0,810

Zahlentafel 4 (Fortsetzung). ψ als Funktion von $\tau_a\delta$, $\sigma\delta$ bei $\frac{r_a}{r_i} = 1,5$.

$\tau_a\delta =$	0	0,5	0,6	0,7	0,8	0,9	1,0	1,1	1,2	1,4	1,6	1,8
$\sigma\delta =$												
0,00	1,0	1,000	1,000	1,000	1,000	1,000	1,000	1,000	1,000	1,000	1,000	1,000
0,025	1,0	0,995	0,995	0,995	0,995	9,995	0,995	0,995	0,995	0,995	0,995	0,995
0,05	1,0	0,991	0,991	0,991	0,991	0,991	0,991	0,991	0,991	0,991	0,991	0,991
0,075	1,0	0,986	0,984	0,984	0,984	0,984	0,984	0,984	0,984	0,984	0,984	0,984
0,10	1,0	0,981	0,979	0,978	0,978	0,978	0,978	0,978	0,978	0,979	0,979	0,979
0,125	1,0	0,977	0,976	0,975	0,975	0,975	0,974	0,974	0,974	0,974	0,974	0,974
0,15	1,0	0,974	0,973	0,972	0,971	0,970	0,970	0,970	0,970	0,969	0,969	0,969
0,175	1,0	0,972	0,970	0,969	0,968	0,967	0.967	0,967	0,966	0,965	0,964	0,964
0,20	1,0	0,970	0,968	0,966	0,965	0,964	0,963	0,963	0,962	0,961	0,960	0,960
0,25	1,0	0,966	0,962	0,960	0,958	0,956	0,956	0,955	0,954	0,953	0,952	0,952
0,30	1,0	0,961	0,957	0,954	0,952	0,950	0,948	0,948	0,947	0,945	0,945	0,944
0,35	1,0	0,957	0,953	0,950	0,947	0,945	0,943	0,942	0,941	0,939	0,938	0,937
0,40	1,0	0,953	0,949	0,945	0,942	0,940	0,939	0,937	0,936	0,934	0,932	0,931
0,45	1,0	0,950	0,944	0,941	0,938	0,935	0,933	0,931	0,930	0,928	0,926	0,925
0,50	1,0	0,946	0,940	0,937	0,933	0,931	0,928	0,927	0,925	0,923	0,920	0,919
0,55	1,0	0,943	0,937	0,934	0,930	0,928	0,925	0,923	0,921	0,918	0,916	0,915
0,60	1,0	0,941	0,935	0,931	0,926	0,924	0,921	0,918	0,917	0,914	0,912	0,911
0,65	1,0	0,939	0,932	0,927	0,923	0,920	0,917	0,914	0,912	0,909	0,907	0,906
0,70	1,0	0,937	0,930	0,924	0,920	0,916	0,914	0,910	0,908	0,905	0,902	0,901
0,80	1,0	0,934	0,926	0,920	0,916	0,912	0,909	0,904	0,902	0,899	0,896	0,894
0,90	1,0	0,931	0,923	0,917	0,913	0,909	0,906	0,900	0,897	0,894	0,890	0,888
1,00	1,0	0,929	0,920	0,914	0,910	0,905	0,902	0,896	0,893	0,889	0,884	0,882
1,10	1,0	0,927	0,918	0,913	0,908	0,903	0,899	0,893	0,890	0,885	0,881	0,878
1,20	1,0	0,926	0,917	0,912	0,906	0,901	0,897	0,891	0,887	0,882	0,878	0,875
1,40	1,0	0,924	0,915	0,909	0,903	0,897	0,893	0,887	0,882	0,876	0,872	0,868
1,70	1,0	0,923	0,913	0,906	0,900	0,893	0,889	0,882	0,877	0,870	0,865	0,861
2,00	1,0	0,921	0,911	0,904	0,897	0,890	0,885	0,878	0,872	0,865	0,859	0,855
2,50	1,0	0,920	0,910	0,903	0,895	0,888	0,884	0,878	0,871	0,865	0,857	0,852
3,00	1,0	0,919	0,909	0,902	0,894	0,887	0,882	0,877	0,870	0,864	0,857	0,851
5,00	1,0	0,921	0,911	0,903	0,894	0,890	0,884	0,875	0,870	0,864	0,857	0,849
10,00	1,0	0,922	0,912	0,904	0,894	0,891	0,884	0,874	0,872	0,859	0,850	0,842
∞	1,0	0,927	0,916	0,907	0,899	0,894	0,887	0,879	0,874	0,862	0,853	0,844

Zahlentafel 4 (Fortsetzung). ψ als Funktion von $\tau_a\delta$, $\sigma\delta$ bei $\frac{r_a}{r_i} = 1,5$.

$\tau_a\delta=$	1,8	2,0	2,4	2,8	3,4	4,0	5,0	7,0	10,0	20,0	60,0	∞
$\sigma\delta=$												
0,00	1,000	1,000	1,000	1,000	1,000	1,000	1,000	1,000	1,000	1,000	1,000	1,000
0,025	0,995	0,995	0,995	0,995	0,995	0,995	0,995	0,995	0,995	0,995	0,995	0,995
0,05	0,991	0,991	0,991	0,991	0,991	0,991	0,991	0,991	0,991	0,991	0,991	0,991
0,075	0,984	0,984	0,984	0,984	0,984	0,985	0,985	0,985	0,986	0,986	0,986	0,986
0,10	0,979	0,979	0,979	0,979	0,979	0,979	0,979	0,979	0,980	0,980	0,981	0,981
0,125	0,974	0,974	0,974	0,974	0,974	0,974	0,974	0,974	0,975	0,976	0,976	0,976
0,15	0,969	0,969	0,969	0,969	0,969	0,969	0,969	0,970	0,971	0,971	0,971	0,971
0,175	0,964	0,964	0,964	0,964	0,964	0,964	0,965	0,965	0,966	0,966	0,966	0,967
0,20	0,960	0,960	0,960	0,960	0,960	0,960	0,961	0,961	0,961	0,962	0,962	0,963
0,25	0,952	0,952	0,952	0,952	0,952	0,953	0,953	0,953	0,953	0,954	0,955	0,956
0,30	0,944	0,944	0,944	0,944	0,944	0,944	0,945	0,946	0,946	0,947	0,948	0,949
0,35	0,937	0,937	0,937	0,937	0,937	0,937	0 938	0,939	0,939	0,940	0,941	0,942
0,40	0,931	0,930	0,929	0,929	0,929	0,931	0,931	0,932	0,933	0,934	0,935	0,936
0,45	0,925	0,924	0,923	0,923	0,923	0,924	0,924	0,925	0,926	0,927	0,928	0,930
0,50	0,919	0,918	0,917	0,917	0,916	0,917	0,917	0,917	0,918	0,920	0,921	0,923
0,55	0,915	0,913	0,912	0,912	0,911	0,912	0,912	0,912	0,913	0,916	0,917	0,918
0,60	0,911	0,909	0,907	0,907	0,906	0,906	0,907	0,907	0,908	0,911	0,912	0,914
0,65	0,906	0,904	0,903	0,902	0,902	0,902	0,902	0,902	0,904	0,907	0,908	0,909
0,70	0,901	0,900	0,898	0,898	0,897	0,897	0,898	0,898	0,899	0,902	0,903	0,904
0,80	0,894	0,892	0,890	0,889	0,889	0,889	9,889	0,889	0,890	0,893	0,894	0,895
0,90	0,888	0,887	0,884	0,883	0,882	0,882	0,882	0,882	0,883	0,885	0,886	0,887
1,00	0,882	0,880	0,878	0,876	0,875	0,875	0,875	0,875	0,876	0,877	0,879	0,881
1,10	0,878	0,876	0,873	0,871	0,870	0,870	0,869	0,869	0,870	0,871	0,873	0,875
1,20	0,875	0,872	0,869	0,868	0,867	0,865	0,864	0,864	0,864	0,866	0,868	0,870
1,40	0,868	0,865	0,862	0,860	0,858	0,857	0,855	0,855	0,855	0,856	0,857	0,859
1,70	0,861	0,858	0,854	0,851	0,848	0,847	0,845	0,844	0,844	0,844	0,845	0,847
2,00	0,855	0,852	0,848	0,845	0,842	0,840	0,838	0,835	0,834	0,834	0,836	0,838
2,50	0,852	0,848	0,843	0,839	0,835	0,832	0,828	0,825	0,825	0,825	0,825	0,826
3,00	0,851	0,847	0,838	0,833	0,828	0,824	0,820	0,817	0,816	0,816	0,817	0,818
5,00	0,849	0,845	0,836	0,828	0,821	0,816	0,810	0,805	0,801	0,801	0,800	0,801
10,00	0,842	0,836	0,829	0,822	0,814	0,808	0,803	0,797	0,794	0,792	0,791	0,791
∞	0,844	0,839	0,830	0,823	0,815	0,809	0,803	0,796	0,791	0,787	0,788	0,788

Zahlentafel 4 (Fortsetzung). ψ als Funktion von $\varkappa_a\delta$, $\sigma\delta$ bei $\frac{r_a}{r_i} = 2$.

$\varkappa_a\delta =$ / $\sigma\delta =$	0	0,5	0,6	0,7	0,8	0,9	1,0	1,1	1,2	1,4	1,6	1,8
0,00	1,0	1,000	1,000	1,000	1,000	1,000	1,000	1,000	1,000	1,000	1,000	1,000
0,025	1,0	0,995	0,994	0,994	0,994	0,994	0,994	0,994	0,993	0,993	0,993	0,993
0,05	1,0	0,988	0,988	0,988	0,987	0,987	0,987	0,987	0,987	0,987	0,987	0,987
0,075	1,0	0,983	0,982	0,981	0,981	0,980	0,980	0,980	0,980	0,980	0,980	0,980
0,10	1,0	0,977	0,976	0,975	0,974	0,974	0,973	0,973	0,973	0,973	0,972	0,972
0,125	1,0	0,972	0,971	0,970	0,969	0,968	0,968	0,968	0,967	0,967	0,967	0,967
0,15	1,0	0,968	0,966	0,965	0,964	0,964	0,963	0,963	0,962	0,962	0,962	0,962
0,175	1,0	0,964	0,962	0,960	0,959	0,958	0,957	0,957	0,956	0,956	0,956	0,956
0,20	1,0	0,961	0,958	0,956	0,955	0,953	0,952	0,952	0,951	0,951	0,951	0,951
0,25	1,0	0,955	0,952	0,949	0,947	0,945	0,944	0,943	0,942	0,941	0,941	0,941
0,30	1,0	0,950	0,945	0,941	0,939	0,937	0,935	0,934	0,933	0,932	0,932	0,931
0,35	1,0	0,945	0,940	0,937	0,934	0,931	0,929	0,928	0,927	0,925	0,924	0,923
0,40	1,0	0,941	0,936	0,932	0,929	0,926	0,924	0,922	0,921	0,919	0,917	0,917
0,45	1,0	0,937	0,931	0,927	0,924	0,921	0,918	0,916	0,915	0,912	0,911	0,910
0,50	1,0	0,933	0,928	0,923	0,919	0,916	0,913	0,911	0,909	0,906	0,904	0,903
0,55	1,0	0,930	0,925	0,919	0,915	0,912	0,909	0,906	0,904	0,901	0,899	0,897
0,60	1,0	0,928	0,921	0,916	0,911	0,908	0,905	0,902	0,900	0,896	0,894	0,892
0,65	1,0	0,925	0,918	0,912	0,907	0,903	0,900	0,897	0,895	0,891	0,889	0,887
0,70	1,0	0,923	0,915	0,909	0,904	0,899	0,895	0,893	0,890	0,887	0,884	0,882
0,80	1,0	0,919	0,911	0,905	0,899	0,895	0,891	0,887	0,884	0,880	0,877	0,875
0,90	1,0	0,916	0,908	0,901	0,896	0,891	0,887	0,883	0,880	0,875	0,871	0,869
1,00	1,0	0,914	0,905	0,898	0,892	0,887	0,882	0,878	0,874	0,869	0,865	0,862
1,10	1,0	0,913	0,904	0,896	0,890	0,885	0,879	0,875	0,871	0,866	0,862	0,858
1,20	1,0	0,913	0,903	0,895	0,889	0,883	0,877	0,873	0,869	0,863	0,859	0,855
1,40	1,0	0,911	0,900	0,893	0,885	0,879	0,873	0,868	0,863	0,857	0,852	0,848
1,70	1,0	0,909	0,899	0,891	0,883	0,876	0,870	0,864	0,859	0,851	0,845	0,841
2,00	1,0	0,908	0,898	0,889	0,881	0,873	0,867	0,861	0,855	0,847	0,840	0,835
2,50	1,0	0,909	0,898	0,889	0,881	0,873	0,867	0,861	0,854	0,847	0,839	0,833
3,00	1,0	0,909	0,898	0,889	0,881	0,873	0,866	0,860	0,854	0,846	0,838	0,832
5,00	1,0	0,910	0,900	0,891	0,883	0,876	0,870	0,863	0,858	0,848	0,840	0,833
10,00	1,0	0,912	0,901	0,891	0,882	0,875	0,867	0,860	0,854	0,843	0,835	0,827
∞	1,0	0,919	0,907	0,897	0,889	0,881	0,873	0,867	0,860	0,849	0,840	0,832

Zahlentafel 4 (Fortsetzung). ψ als Funktion von $\tau_a\delta$, $\sigma\delta$ bei $\frac{r_a}{r_i} = 2$.

$\tau_a\delta =$	1,8	2,0	2,4	2,8	3,4	4,0	5,0	7,0	10,0	20,0	60,0	∞
$\sigma\delta =$												
0,00	1,000	1,000	1,000	1,000	1,000	1,000	1,000	1,000	1,000	1,000	1,000	1,000
0,025	0,993	0,993	0,993	0,993	0,993	0,993	0,993	0,993	0,994	0,994	0,994	0,994
0,05	0,987	0,987	0,987	0,987	0,987	0,987	0,987	0,987	0,988	0,988	0,988	0,988
0,075	0,980	0,980	0,980	0,980	0,980	0,980	0,980	0,981	0,982	0,982	0,982	0,982
0,10	0,972	0,972	0,972	0,972	0,972	0,973	0,973	0,974	0,975	0,976	0,976	0,977
0,125	0,967	0,967	0,967	0,967	0,967	0,967	0,968	0,968	0,969	0,971	0,971	0,972
0,15	0,962	0,962	0,962	0,962	0,962	0,962	0,963	0,964	0,965	0,966	0,966	0,967
0,175	0,956	0,956	0,956	0,956	0,956	0,956	0,957	0,958	0,959	0,961	0,961	0,962
0,20	0,951	0,951	0,951	0,951	0,951	0,952	0,952	0,953	0,954	0,956	0,957	0,958
0,25	0,941	0,941	0,941	0,841	0,941	0,941	0,942	0,943	0,945	0,947	0,948	0,949
0,30	0,931	0,931	0,931	0,931	0,932	0,932	0,933	0,935	0,937	0,940	0,941	0,942
0,35	0,923	0,923	0,923	0,923	0,924	0,924	0,925	0,927	0,929	0,932	0,933	0,934
0,40	0,917	0,916	0,916	0,916	0,916	0,916	0,917	0,919	0,921	0,924	0,925	0,926
0,45	0,910	0,909	0,908	0,908	0,908	0,909	0,910	0,911	0,913	0,916	0,917	0,919
0,50	0,903	0,902	0,901	0,900	0,900	0,901	0,901	0,903	0,905	0,908	0,909	0,911
0,55	0,897	0,896	0,895	0,894	0,894	0,895	0,896	0,897	0,899	0,902	0,903	0,905
0,60	0,892	0,891	0,889	0,889	0,889	0,889	0,890	0,891	0,893	0,896	0,898	0,900
0,65	0,887	0,886	0,884	0,884	0,884	0,884	0,885	0,886	0,888	0,891	0,893	0,895
0,70	0,882	0,881	0,879	0,879	0,879	0,879	0,880	0,881	0,883	0,886	0,888	0,890
0,80	0,875	0,873	0,871	0,870	0,870	0,870	0,870	0,871	0,873	0,876	0,878	0,880
0,90	0,869	0,867	0,865	0,863	0,862	0,862	0,862	0,864	0,865	0,868	0,870	0,872
1,00	0,862	0,860	0,858	0,856	0,855	0,854	0,855	0,856	0,857	0,859	0,862	0,864
1,10	0,858	0,856	0,853	0,851	0,850	0,849	0,848	0,849	0,850	0,853	0,856	0,858
1,20	0,855	0,853	0,849	0,847	0,845	0,844	0,843	0,844	0,845	0,847	0,850	0,852
1,40	0,848	0,845	0,841	0,839	0,836	0,835	0,834	0,834	0,835	0,836	0,838	0,840
1,70	0,841	0,838	0,833	0,830	0,827	0,825	0,824	0,823	0,823	0,824	0,826	0,828
2,00	0,835	0,832	0,827	0,824	0,821	0,818	0,816	0,814	0,813	0,814	0,816	0,818
2,50	0,833	0,829	0,823	0,819	0,814	0,811	0,807	0,804	0,804	0,805	0,805	0,807
3,00	0,832	0,828	0,819	0,813	0,807	0,803	0,799	0,796	0,795	0,795	0,796	0,798
5,00	0,833	0,827	0,817	0,809	0,810	0,796	0,790	0,785	0,781	0,780	0,780	0,781
10,00	0,827	0,821	0,812	0,805	0,797	0,791	0,785	0,779	0,775	0,373	0,772	0,772
∞	0,832	0,825	0,815	0,807	0,798	0,793	0,786	0,779	0,774	0,771	0,771	0,771

Zahlentafel 4 (Fortsetzung). ψ als Funktion von $\tau_a\delta$, $\sigma\delta$ bei $\frac{\gamma_a}{\gamma_i} = 2,5$.

$\tau_a\delta =$ / $\sigma\delta =$	0	0,5	0,6	0,7	0,8	0,9	1,0	1,1	1,2	1,4	1,6	1,8
0,00	1,0	1,000	1,000	1,000	1,000	1,000	1,000	1,000	1,000	1,000	1,000	1,000
0,025	1,0	0,991	0,991	0,991	0,991	0,991	0,991	0,991	0,991	0,991	0,991	0,991
0,05	1,0	0,984	0,984	0,983	0,983	0,983	0,983	0,983	0,983	0,982	0,983	0,983
0,075	1,0	0,977	0,975	0,974	0,974	0,974	0,974	0,974	0,974	0,974	0,975	0,975
0,10	1,0	0,970	0,968	0,966	0,966	0,966	0,966	0,966	0,966	0,966	0,967	0,967
0,125	1,0	0,964	0,962	0,961	0,960	0,960	0,959	0,959	0,959	0,959	0,960	0,960
0,15	1,0	0,959	0,958	0,957	0,955	0,954	0,953	0,953	0,953	0,953	0,953	0,953
0,175	1,0	0,956	0,953	0,951	0,950	0,949	0,948	0,947	0,947	0,947	0,946	0,946
0,20	1,0	0,953	0,949	0,946	0,945	0,944	0,943	0,942	0,942	0,942	0,941	0,941
0,25	1,0	0,945	0,941	0,938	0,936	0,934	0,933	0,932	0,931	0,930	0,930	0,930
0,30	1,0	0,938	0,934	0,931	0,928	0,926	0,924	0,923	0,923	0,921	0,921	0,920
0,35	1,0	0,934	0,929	0,925	0,922	0,919	0,917	0,916	0,914	0,913	0,912	0,911
0,40	1,0	0,929	0,924	0,920	0,916	0,913	0,911	0,909	0,908	0,906	0,904	0,903
0,45	1,0	0,925	0,919	0,914	0,911	0,908	0,905	0,903	0,902	0,899	0,897	0,896
0,50	1,0	0,922	0,915	0,910	0,906	0,902	0,899	0,897	0,894	0,892	0,890	0,888
0,55	1,0	0,919	0,912	0,906	0,902	0,898	0,895	0,892	0,890	0,887	0,884	0,883
0,60	1,0	0,917	0,909	0,902	0,897	0,894	0,890	0,887	0,885	0,882	0,879	0,878
0,65	1,0	0,914	0,906	0,899	0,893	0,890	0,886	0,883	0,881	0,877	0,874	0,872
0,70	1,0	0,911	0,903	0,896	0,891	0,885	0,881	0,878	0,876	0,872	0,869	0,867
0,80	1,0	0,908	0,899	0,892	0,886	0,881	0,877	0,871	0,869	0,865	0,862	0,859
0,90	1,0	0,905	0,896	0,887	0,881	0,876	0,871	0,865	0,863	0,859	0,855	0,853
1,00	1,0	0,903	0,893	0,884	0,878	0,872	0,866	0,861	0,859	0,853	0,848	0,846
1,10	1,0	0,902	0,891	0,882	0,876	0,870	0,863	0,859	0,856	0,850	0,845	0,841
1,20	1,0	0,902	0,890	0,881	0,874	0,868	0,861	0,856	0,853	0,846	0,841	0,838
1,40	1,0	0,901	0,889	0,880	0,872	0,865	0,858	0,854	0,849	0,841	0,836	0,832
1,70	1,0	0,900	0,888	0,878	0,870	0,862	0,855	0,851	0,845	0,834	0,830	0,826
2,00	1,0	0,900	0,888	0,877	0,869	0,860	0,852	0,847	0,841	0,832	0,826	0,820
2,50	1,0	0,901	0,888	0,877	0,869	0,860	0,852	0,847	0,840	0,832	0,824	0,818
3,00	1,0	0,901	0,889	0,878	0,870	0,861	0,852	0,846	0,840	0,831	0,823	0,816
5,00	1,0	0,904	0,892	0,881	0,873	0,864	0,857	0,849	0,842	0,834	0,825	0,817
10,00	1,0	0,907	0,894	0,885	0,875	0,867	0,861	0,851	0,845	0,835	0,825	0,818
∞	1,0	0,914	0,901	0,891	0,882	0,873	0,868	0,859	0,852	0,841	0,832	0,823

Zahlentafel 4 (Fortsetzung). ψ als Funktion von $\tau_a \delta$, $\sigma\delta$ bei $\frac{\gamma_a}{\gamma_i} = 2{,}5$.

$\tau_a\delta =$	1,8	2,0	2,4	2,8	3,4	4,0	5,0	7,0	10,0	20,0	60,0	∞
$\sigma\delta =$												
0,00	1,000	1,000	1,000	1,000	1,000	1,000	1,000	1,000	1,000	1,000	1,000	1,000
0,025	0,991	0,991	0,991	0,991	0,991	0,992	0,992	0,992	0,992	0,992	0,992	0,993
0,05	0,983	0,983	0,983	0,983	0,983	0,984	0,984	0,985	0,986	0,986	0,986	0,986
0,075	0,975	0,975	0,975	0,975	0,976	0,976	0,977	0,978	0,979	0,979	0,980	0,980
0,10	0,967	0,967	0,967	0,967	0,968	0,968	0,969	0,970	0,971	0,972	0,974	0,974
0,125	0,960	0,960	0,960	0,960	0,961	0,961	0,962	0,963	0,964	0,966	0,967	0,968
0,15	0,953	0,953	0,953	0,953	0,954	0,955	0,956	0,957	0,959	0,960	0,961	0,962
0,175	0,946	0,947	0,947	0,947	0,948	0,949	0,950	0,951	0,953	0,954	0,955	0,956
0,20	0,941	0,941	0,941	9,042	0,943	0,943	0,944	0,946	0,947	0,949	0,950	0,952
0,25	0,930	0,930	0,930	0,931	0,932	0,932	0,933	0,935	0,937	0,939	0,941	0,942
0,30	0,920	0,920	0,920	0,921	0,922	0,921	0,923	0,924	0,927	0,929	0,932	0,933
0,35	0,911	0,911	0,911	0,911	0,912	0,912	0,914	0,915	0,918	0,921	0,923	0,925
0,40	0,903	0,903	0,902	0,902	0,903	0,903	0,905	0,907	0,910	0,912	0,914	0,916
0,45	0,896	0,896	0,895	0,895	0,895	0,895	0,896	0,899	0,901	0,903	0,906	0,908
0,50	0,888	0,888	0,887	0,887	0,887	0,888	0,888	0,891	0,893	0,896	0,899	0,900
0,55	0,883	0 882	0,881	0,880	0,880	0,881	0,883	0,884	0,887	0,890	0,892	0,894
0,60	0,878	0,876	0,875	0,874	0,874	0,874	0,876	0,878	0,880	0,883	0,885	0,887
0,65	0,872	0,870	0,869	0,869	0,869	0,869	0,871	0 872	0,874	0,877	0,879	0,881
0,70	0,867	0,865	0,863	0,864	0,863	0,863	0,865	0,866	0,868	0,871	0,873	0,875
0,80	0,859	0,858	0,855	0,854	0,854	0,854	0,854	0,856	0,858	0,861	0,863	0,865
0,90	0,853	0,851	0,848	0,847	0,845	0,845	0,845	0,847	0,849	0,852	0,854	0,856
1,00	0,846	0,843	0,840	0,839	0,837	0,837	0,838	0,839	0,841	0,844	0,847	0,849
1,10	0,841	0,838	0,835	0,833	0,832	0,832	0,831	0,833	0,835	0,938	0,841	0,843
1,20	0,838	0,836	0,830	0,828	0,827	0,826	0,826	0,827	0,829	0,831	0,834	0,837
1,40	0,832	0,828	0,824	0,821	0,818	0,817	0,816	0,816	0,818	0,820	0,822	0,824
1,70	0,826	0,822	0,817	0,813	0,810	0,808	0,806	0,804	0,805	0,807	0,809	0,812
2,00	0,820	0,817	0,811	0,807	0,804	0,801	0,797	0,795	0,795	0,797	0,799	0,803
2,50	0,818	0,813	0,807	0,801	0,796	0,793	0,789	0,784	0,786	0,788	0,788	0,792
3,00	0,816	0,810	0,802	0,797	0,791	0,787	0,783	0,779	0,778	0,778	0,779	0,783
5,00	0,817	0,809	0,800	0,793	0,785	0,780	0,774	0,769	0,765	0,764	0,765	0,768
10,00	0,818	0,810	0,801	0,793	0,784	0,778	0,771	0,765	0,761	0,758	0,758	0,758
∞	0,823	0,816	0,805	0,797	0,788	0,782	0,775	0,767	0,762	0,758	0,759	0,758

Zahlentafel 4 (Fortsetzung). ψ als Funktion von $\tau_a\delta$, $\sigma\delta$ bei $\frac{r_a}{r_i} = 3$.

$\tau_a\delta =$	0	0,5	0,6	0,7	0,8	0,9	1,0	1,1	1,2	1,4	1,6	1,8
$\sigma\delta =$												
0,0	1,0	1,000	1,000	1,000	1,000	1,000	1,000	1,000	1,000	1,000	1,000	1,000
0,025	1,0	0,990	0,990	0,989	0,989	0,989	0,989	0,989	0,989	0,989	0,989	0,989
0,05	1,0	0,981	0,980	0,979	0,979	0,979	0,979	0,979	0,979	0,979	0,980	0,980
0,075	1,0	0,972	0,970	0,969	0,969	0,968	0,969	0,969	0,969	0,970	0,970	0,970
0,10	1,0	0,964	0,962	0,961	0,960	0,960	0,960	0,960	0,960	0,961	0,961	0,962
0,125	1,0	0,958	0,956	0,955	0,954	0,953	0,953	0,953	0,953	0,953	0,953	0,954
0,15	1,0	0,953	0,950	0,949	0,947	0,946	0,946	0,945	0,945	0,945	0,945	0,945
0,175	1,0	0,949	0,945	0,943	0,942	0,941	0,940	0,939	0,939	0,938	0,938	0,938
0,20	1,0	0,945	0,942	0,940	0,938	0,936	0,935	0,934	0,934	0,933	0,932	0,932
0,25	1,0	0,935	0,932	0,929	0,926	0,924	0,923	0,922	0,921	0,920	0,920	0,920
0,30	1,0	0,928	0,924	0,921	0,919	0,917	0,915	0,914	0,913	0,911	0,911	0,910
0,35	1,0	0,924	0,918	0,914	0,911	0,908	0,906	0,905	0,903	0,902	0,900	0,900
0,40	1,0	0,919	0,913	0,908	0,904	0,901	0,899	0,897	0,895	0,893	0,892	0,891
0,45	1,0	0,914	0,907	0,902	0,898	0,895	0,892	0,890	0,888	0,886	0,884	0,883
0,50	1,0	0,911	0,903	0,897	0,893	0,889	0,886	0,883	0,881	0,879	0,877	0,875
0,55	1,0	0,908	0,900	0,894	0,889	0,885	0,882	0,879	0,877	0,874	0,871	0,870
0,60	1,0	0,905	0,897	0,890	0,885	0,881	0,877	0,874	0,872	0,869	0,866	0,864
0,65	1,0	0,903	0,895	0,887	0,881	0,877	0,873	0,869	0,867	0,863	0,861	0,859
0,70	1,0	0,900	0,892	0,884	0,879	0,873	0,869	0,866	0,863	0,859	0,856	0,854
0,80	1,0	0,898	0,889	0,880	0,874	0,869	0,864	0,860	0,857	0,852	0,849	0,846
0,90	1,0	0,896	0,886	0,876	0,869	0,863	0,859	0,854	0,851	0,845	0,841	0,838
1,00	1,0	0,894	0,883	0,873	0,865	0,859	0,854	0,849	0,845	0,839	0,834	0,832
1,10	1,0	0,894	0,882	0,872	0,864	0,857	0,851	0,847	0,843	0,836	0,831	0,827
1,20	1,0	0,894	0,881	0,871	0,862	0,855	0,849	0,844	0,840	0,833	0,827	0,823
1,40	1,0	0,893	0,880	0,870	0,860	0,853	0,847	0,841	0,837	0,829	0,823	0,818
1,70	1,0	0,893	0,880	0,869	0,859	0,851	0,844	0,838	0,833	0,825	0,819	0,813
2,00	1,0	0,893	0,879	0,868	0,858	0,849	0,841	0,835	0,830	0,821	0,814	0,808
2,50	1,0	0,894	0,880	0,869	0,859	0,850	0,841	0,835	0,829	0,819	0,811	0,805
3,00	1,0	0,895	0,882	0,870	0,860	0,851	0,842	0,835	0,829	0,818	0,809	0,802
5,00	1,0	0,899	0,886	0,874	0,863	0,854	0,846	0,838	0,832	0,820	0,811	0,803
10,00	1,0	0,903	0,894	0,882	0,871	0,862	0,854	0,846	0,839	0,828	0,818	0,810
∞	1,0	0,911	0,899	0,888	0,878	0,869	0,861	0,853	0,847	0,835	0,826	0,817

Zahlentafel 4 (Fortsetzung). ψ als Funktion von $\tau_a\delta$, $\sigma\delta$ bei $\frac{r_a}{r_i} = 3$.

$\tau_a\delta =$ $\sigma\delta =$	1,8	2,0	2,4	2,8	3,4	4,0	5,0	7,0	10,0	20,0	60,0	∞
0,0	1,000	1,000	1,000	1,000	1,000	1,000	1,000	1,000	1,000	1,000	1,000	1,000
0,025	0,989	0,990	0,990	0,990	0,990	0,991	0,991	0,992	0,992	0,993	0,993	0,994
0,05	0,980	0,980	0,980	0,980	0,981	0,981	0,982	0,983	0,984	0,984	0,984	0,985
0,075	0,970	0,970	0,971	0,972	0,973	0,973	0,974	0,975	0,976	0,976	0,977	0,978
0,10	0,962	0,962	0,963	0,963	0,964	0,965	0,966	0,967	0,968	0,969	0,971	0,972
0,125	0,954	0,954	0,954	0,955	0,956	0,957	0,958	0,959	0,961	0,962	0,963	0,964
0,15	0,945	0,946	0,947	0,947	0,948	0,949	0,950	0,952	0,954	0,955	0,956	0,957
0,175	0,938	0,939	0,939	0,940	0,941	0,942	0,943	0,945	0,947	0,949	0,950	0,951
0,20	0,932	0,932	0,933	0,934	0,935	0,936	0,937	0,940	0,941	0,943	0,945	0,946
0,25	0,920	0,920	0,921	0,922	0,923	0,924	0,925	0,928	0,930	0,932	0,934	0,935
0,30	0,910	0,910	0,910	0,911	0,912	0,912	0,913	0,915	0,918	0,921	0,924	0,925
0,35	0,900	0,900	0,900	0,900	0,901	0,901	0,903	0,905	0,908	0,912	0,915	0,916
0,40	0,891	0,891	0,891	0,891	0,892	0,892	0,894	0,896	0,899	0,902	0,906	0,907
0,45	0,883	0,882	0,882	0,882	0,882	0,883	0,884	0,887	0,889	0,892	0,896	0,897
0,50	0,875	0,875	0,874	0,874	0,874	0,875	0,876	0,879	0,881	0,885	0,889	0,890
0,55	0,870	0,869	0,868	0,868	0,868	0,869	0,870	0,872	0,875	0,878	0,882	0,884
0,60	0,864	0,863	0,861	0,861	0,861	0,862	0,863	0,865	0,867	0,871	0,874	0,876
0,65	0,859	0,857	0,856	0,856	0,855	0,856	0,857	0,859	0,861	0,864	0,867	0,869
0,70	0,854	0,853	0,851	0,850	0,849	0,849	0,850	0,852	0,854	0,857	0,860	0,862
0,80	0,846	0,844	0,841	0,840	0,839	0,839	0,839	0,841	0,843	0,846	0,849	0,852
0,90	0,838	0,836	0,833	0,831	0,829	0,829	0,830	0,832	0,835	0,837	0,840	0,843
1,00	0,832	0,828	0,824	0,822	0,821	0,821	0,822	0,824	0,827	0,831	0,833	0,836
1,10	0,827	0,824	0,820	0,818	0,816	0,816	0,816	0,818	0,821	0,824	0,826	0,829
1,20	0,823	0,820	0,815	0,812	0,811	0,810	0,811	0,812	0,814	0,817	0,819	0,823
1,40	0,818	0,814	0,809	0,806	0,802	0,801	0,800	0,800	0,802	0,804	0,806	0,810
1,70	0,813	0,809	0,803	0,799	0,795	0,792	0,790	0,788	0,789	0,791	0,794	0,798
2,00	0,808	0,804	0,797	0,792	0,788	0,785	0,781	0,779	0,779	0,782	0,785	0,790
2,50	0,805	0,800	0,798	0,786	0,781	0,777	0,774	0,771	0,770	0,772	0,774	0,779
3,00	0,802	0,797	0,789	0,783	0,777	0,773	0,769	0,765	0,763	0,763	0,765	0,770
5,00	0,803	0,796	0,786	0,779	0,771	0,766	0,760	0,755	0,752	0,750	0,752	0,756
10,00	0,810	0,803	0,792	0,783	0,774	0,767	0,760	0,753	0,749	0,746	0,746	0,747
∞	0,817	0,811	0,800	0,791	0,782	0,773	0,765	0,758	0,753	0,749	0,748	0,748

Zahlentafel 4 (Fortsetzung). ψ als Funktion von $\tau_a\delta$, $\sigma\delta$ bei $\frac{r_a}{r_i} = 3,5$.

$\tau_a\delta =$	0	0,5	0,6	0,7	0,8	0,9	1,0	1,1	1,2	1,4	1,6	1,8
$\sigma\delta =$												
0,00	1,0	1,000	1,000	1,000	1,000	1,000	1,000	1,000	1,000	1,000	1,000	1,000
0,025	1,0	0,989	0,989	0,988	0,988	0,988	0,988	0,988	0 988	0,988	0,988	0,988
0,05	1,0	0,979	0,978	0,977	0,977	0,976	0,976	0,976	0,976	0,976	0,976	0,976
0,075	1,0	0,971	0,969	0,967	0,966	0,966	0 966	0,966	0,966	0,966	0,966	0,966
0,10	1,0	0,961	0,960	0,957	0,956	0,956	0,956	0,956	0,956	0,956	0,956	0,956
0,125	1,0	0,953	0,951	0 949	0,948	0,947	0,947	0,947	0,947	0,947	0,947	0,948
0,15	1,0	0,947	0,945	0,944	0,942	0,940	0,940	0,939	0,939	0,939	0,939	0,940
0,175	1,0	0 943	0,938	0,935	0,934	0,933	0,932	0,932	0,932	0,932	0,932	0,932
0,20	1,0	0,938	0,933	0,929	0,927	0,927	0,927	0,926	0,926	0,925	0,925	0,924
0,25	1,0	0,928	0,924	0,920	0,918	0,916	0,914	0,914	0,914	0,913	0,912	0,912
0,30	1,0	0,920	0,916	0,911	0,908	0,906	0,906	0,903	0,903	0,901	0,900	0,900
0,35	1,0	0,915	0,909	0,904	0,901	0,898	0,895	0,894	0,893	0,892	0,891	0,890
0,40	1,0	0,909	0,904	0,899	0,894	0,891	0,889	0,887	0,885	0,883	0,882	0,881
0,45	1,0	0,905	0,898	0,893	0,888	0,885	0,882	0,880	0,878	0,876	0,874	0,873
0,50	1,0	0,902	0,894	0,888	0,883	0,879	0,876	0,873	0,871	0,868	0,866	0,865
0,55	1,0	0,899	0,891	0,884	0,879	0,874	0,871	0,868	0,866	0,862	0,860	0,858
0,60	1,0	0,897	0,889	0,880	0,874	0,869	0,865	0,862	0,860	0,856	0,853	0 852
0,65	1,0	0,894	0,886	0,877	0,871	0,866	0,862	0,858	0,856	0,852	0,848	0,847
0,70	1,0	0,892	0,883	0,875	0,869	0,863	0,859	0,853	0,851	0,847	0,843	0,841
0,80	1,0	0,890	0,880	0,871	0,864	0,858	0,853	0,848	0,846	0,841	0,837	0,834
0,90	1,0	0,887	0,878	0,868	0,860	0,853	0,848	0,843	0,840	0,834	0,830	0,827
1,00	1,0	0,887	0,876	0,866	0,856	0,850	0,844	0,839	0,836	0,828	0,824	0,820
1,10	1,0	0,887	0,875	0,865	0,855	0,848	0,842	0,837	0,833	0,826	0,820	0,816
1,20	1,0	0,888	0,874	0,864	0,854	0,846	0,840	0,835	0,830	0,822	0,817	0,812
1,40	1,0	0,887	0,873	0,863	0,852	0,844	0,838	0,833	0,827	0,818	0,812	0,807
1,70	1,0	0,887	0,873	9,862	0,852	0,843	0,836	0,830	0,824	0,815	0,808	0,802
2,00	1,0	0,887	0,874	0,861	0,851	0,841	0,834	0,827	0,822	0,812	0,805	0,798
2,50	1,0	0,889	0,875	0,863	0,853	0,843	0,835	0,827	0,820	0,810	0,802	0,796
3,00	1,0	0,891	0,877	0,865	0,854	0,844	0,835	0,826	0,821	0,809	0,801	0,793
5,00	1,0	0,895	0,884	0,869	0,858	0,848	0,840	0,831	0,825	0,813	0,803	0,794
10,00	1,0	0 901	0,887	0,874	0,866	0,856	0,849	0,840	0,834	0,821	0,811	0,803
∞	1,0	0,909	0,895	0,884	0,875	0,865	0,857	0,849	0,843	0,829	0,820	0,811

Zahlentafel 4 (Fortsetzung). ψ als Funktion von $\tau_a\delta$, $\sigma\delta$ bei $\frac{\gamma_a}{\gamma_i} = 3,5$.

$\tau_a\delta =$	1,8	2,0	2,4	2,8	3,4	4,0	5,0	7,0	10,0	20,0	60,0	∞
$\sigma\delta =$												
0,00	1,000	1,000	1,000	1,000	1,000	1,000	1,000	1,000	1,000	1,000	1,000	1,000
0,025	0,988	0,988	0,989	9,989	0,989	0,990	0,990	0,991	0,991	0,991	0,992	0,992
0,05	0,976	0,976	0,977	0,978	0,979	0,979	0,980	0,981	0,982	0,982	0,983	0,984
0,075	0,966	0,966	0,967	0,967	0,968	0,969	0,970	0,971	0,973	0,973	0,975	0,976
0,10	0,956	0,956	0,957	0,958	0,959	0,960	0,961	0,963	0,965	0,966	0,968	0,969
0,125	0,948	0,948	0,949	0,950	0,951	0,951	0,953	0,955	0,957	0,958	0,960	0,961
0,15	0,940	0,940	0,941	0,942	0,943	0,943	0,945	0,947	0,949	0,951	0,952	0,953
0,175	0,932	0,932	0,933	0,934	0,935	0,936	0,938	0,940	0,942	0,944	0,945	0,946
0,20	0,924	0,924	0,926	0,927	0,928	0,929	0,931	0,933	0,935	0,937	0,938	0,939
0,25	0,912	0,912	0,914	0,915	0,916	0,915	0,918	0,920	0,924	0,926	0,928	0,929
0,30	0,900	0,900	0,901	0,901	0,902	0,902	0,905	0,907	0,910	0,914	0,918	0,919
0,35	0,890	0,890	0,890	0,891	0,892	0,892	0,894	0,897	0,900	0,905	0,908	0,909
0,40	0,881	0,881	0,881	0,882	0,883	0,882	0,884	0,887	0,890	0,895	0,897	0,898
0,45	0,873	0,873	0,873	0,873	0,873	0,873	0,874	0,877	0,879	0,884	0,887	0,888
0,50	0,865	0,865	0,864	0,863	0,864	0,865	0,866	0,869	0,871	0,876	0,879	0,880
0,55	0,858	0,857	0,856	0,856	0,856	0 857	0,859	0,861	0,864	0,868	0 871	0,873
0,60	0,852	0,851	0,850	0,850	0,850	0,851	0 852	0,854	0,857	0,860	0,864	0,866
0,65	0,847	0,845	0,844	0,844	0,843	0,844	0,845	0,847	0,849	0,853	0,856	0,858
0,70	0,841	0,839	0,837	0,837	0,836	0,837	0,838	0,840	0,842	0,846	0,849	0,851
0,80	0,834	0,832	0,830	0,828	0,827	0,827	0,827	0,829	0,831	0,835	0,838	0,841
0,90	0,827	0,825	0,821	0,819	0,816	0,817	0,817	0,819	0,822	0,826	0,828	0,831
1,00	0,820	0,817	0,814	0,811	0,809	0,809	0,810	0,812	0,815	0,819	0,822	0,824
1,10	0,816	0,813	0,809	0,806	0,804	0,803	0,803	0,805	0,808	0,812	0,814	0,817
1,20	0,812	0,809	0,804	0,800	0,799	0,797	0,798	0,799	0,801	0,805	0,807	0,811
1,40	0,807	0,803	0,797	0,794	0,790	0,789	0,787	0,788	0,789	0,792	0,795	0,798
1,70	0,802	0,798	0,791	0,787	0,782	0,780	0,777	0,776	0,776	0,779	0,782	0,786
2,00	0,798	0,794	0,789	0,782	0,778	0,773	0,769	0,767	0,767	0,770	0,773	0,776
2,50	0,796	0,790	0,783	0,776	0,770	0,766	0,762	0,759	0,758	0,759	0,761	0,764
3,00	0,793	0,787	0,779	0,773	0,766	0,762	0,758	0,754	0,752	0,751	0,753	0,757
5,00	0,794	0,787	0,777	0,771	0,762	0,756	0,751	0,745	0,742	0 740	0,742	0,744
10,00	0,803	0,795	0,785	0,773	0,766	0 759	0,752	0,744	0,740	0,737	0,737	0,738
∞	0,811	0,804	0,791	0,782	0,773	0,766	0,758	0,750	0,744	0 741	0,740	0,740

Zahlentafel 4 (Fortsetzung). ψ als Funktion von $\tau_a\delta$, $\sigma\delta$ bei $\frac{r_a}{r_i} = 4$.

$\tau_a\delta =$	0	0,5	0,6	0,7	0,8	0,9	1,0	1,1	1,2	1,4	1,6	1,8
$\sigma\delta =$												
0,0	1,0	1,000	1,000	1,000	1,000	1,000	1,000	1,000	1,000	1,000	1,000	1,000
0,025	1,0	0,989	0,988	0,987	0,987	0,986	0,986	0,986	0,986	0,986	0,987	0,987
0,05	1,0	0,978	0,977	0,976	0,975	0,974	0,974	0,973	0,973	0,974	0,974	0,974
0,075	1,0	0,969	0,967	0,966	0,964	0,963	0,963	0,962	0,962	0,962	0,962	0,962
0,10	1,0	0,960	0,957	0,955	0,954	0,953	0,952	0,952	0,952	0,952	0,952	0,952
0,125	1,0	0,949	0,946	0,944	0,943	0,942	0,942	0,942	0,942	0,942	0,942	0,943
0,15	1,0	0,943	0,940	0,938	0,936	0,935	0,934	0,934	0,934	0,934	0,934	0,935
0,175	1,0	0,934	0,931	0,928	0,927	0,926	0,925	0,925	0,925	0,925	0,925	0,926
0,20	1,0	0,929	0,924	0,922	0,920	0,919	0,918	0,918	0,918	0,918	0,918	0,918
0,25	1,0	0,921	0,916	0,912	0,910	0,908	0,907	0,906	0,906	0,905	0,905	0,905
0,30	1,0	0,913	0,907	0,902	0,899	0,897	0,895	0,894	0,893	0,892	0,891	0,891
0,35	1,0	0,908	0,900	0,895	0,891	0,888	0,886	0,884	0,883	0,882	0,881	0,881
0,40	1,0	0,902	0,894	0,889	0,884	0,881	0,879	0,877	0,875	0,873	0,872	0,872
0,45	1,0	0,897	0,889	0,883	0,878	0,875	0,872	0,870	0,868	0,866	0,865	0,864
0,50	1,0	0,894	0,885	0,878	0,872	0,869	0,865	0,863	0,861	0,858	0,856	0,854
0,55	1,0	0,891	0,882	0,874	0,869	0,864	0,860	0,857	0,855	0,851	0,849	0,847
0,60	1,0	0,889	0,879	0,870	0,863	0,858	0,854	0,851	0,849	0,845	0,842	0,841
0,65	1,0	0,887	0,877	0,868	0,861	0,855	0,851	0,847	0,845	0,841	0,837	0,835
0,70	1,0	0,885	0,875	0,866	0,859	0,853	0,849	0,845	0,841	0,835	0,831	0,829
0,80	1,0	0,883	0,872	0,862	0,854	0,848	0,843	0,839	0,835	0,830	0,825	0,823
0,90	1,0	0,881	0,870	0,860	0,851	0,844	0,839	0,834	0,830	0,824	0,820	0,817
1,00	1,0	0,881	0,869	0,859	0,850	0,842	0,836	0,830	0,826	0,819	0,813	0,809
1,10	1,0	0,881	0,869	0,859	0,849	0,840	0,834	0,828	0,823	0,816	0,810	0,806
1,20	1,0	0,882	0,868	0,858	0,848	0,839	0,833	0,826	0,821	0,812	0,806	0,801
1,40	1,0	0,882	0,868	0,858	0,847	0,838	0,832	0,825	0,819	0,809	0,801	0,796
1,70	1,0	0,882	0,868	0,857	0,846	0,837	0,830	0,822	0,816	0,806	0,798	0,792
2,00	1,0	0,882	0,868	0,856	0,845	0,836	0,828	0,820	0,814	0,804	0,796	0,789
2,50	1,0	0,885	0,871	0,859	0,848	0,838	0,830	0,822	0,815	0,804	0,795	0,788
3,00	1,0	0,887	0,873	0,861	0,850	0,840	0,831	0,823	0,816	0,804	0,795	0,787
5,00	1,0	0,892	0,879	0,866	0,855	0,845	0,836	0,828	0,821	0,809	0,799	0,790
10,00	1,0	0,899	0,885	0,873	0,863	0,853	0,845	0,837	0,830	0,816	0,806	0,797
∞	1,0	0,907	0,894	0,883	0,873	0,863	0,854	0,846	0,839	0,826	0,815	0,806
∞	1,0	0,904	0,890	0,877	0,865	0,854	0,845	0,836	0,828	0,814	0,801	0,791

für $\frac{r_a}{r_i} = \infty$.

Zahlentafel 4 (Fortsetzung). ψ als Funktion von $r_a\delta$, $\sigma\delta$ bei $\frac{\gamma_a}{\gamma_i} = 4$.

$r_a\delta =$	1,8	2,0	2,4	2,8	3,4	4,0	5,0	7,0	10,0	20,0	60,0	∞
$\sigma\delta =$												
0,00	1,000	1,000	1,000	1,000	1,000	1,000	1,000	1,000	1,000	1,000	1,000	1,000
0,025	0,987	0,987	0,988	0,988	0,989	0,990	0,990	0,990	0,990	0,990	0,990	0,991
0,05	0,974	0,974	0,975	0,976	0,977	0,977	0,978	0,980	0,981	0,981	0,982	0,983
0,075	0,962	0,963	0,964	0,964	0,965	0,966	0,968	0,969	0,971	0,972	0,974	0,975
0,10	0,952	0,952	0,953	0,954	0,956	0,957	0,958	0,960	0,962	0,964	0,966	0,967
0,125	0,943	0,943	0,944	0,945	0,946	0,947	0,949	0,951	0,953	0,955	0,956	0,957
0,15	0,935	0,935	0,936	0,937	0,938	0,939	0,941	0,943	0,945	0,947	0,948	0,949
0,175	0,926	0,926	0,928	0,928	0,930	0,931	0,933	0,935	0,938	0,939	0,940	0,941
0,20	0,918	0,919	0,920	0,921	0,922	0,924	0,926	0,928	0,930	0,932	0,933	0,934
0,25	0,905	0,906	0,906	0,907	0,909	0,910	0,912	0,915	0,918	0,921	0,922	0,923
0,30	0,891	0,891	0,892	0,893	0,894	0,895	0,898	0,901	0,904	0,909	0,912	0,913
0,35	0,881	0,881	0,881	0,882	0,883	0,885	0,887	0,890	0,893	0,898	0,901	0,902
0,40	0,872	0,872	0,872	0,872	0,873	0,874	0,876	0,879	0,882	0,888	0,889	0,890
0,45	0,864	0,864	0,863	0,863	0,864	0,865	0,867	0,869	0,872	0,877	0,879	0,880
0,50	0,854	0,854	0,853	0,853	0,854	0,855	0,857	0,859	0,862	0,868	0,871	0,872
0,55	0,847	0,846	0,845	0,845	0,846	0,847	0,848	0,851	0,854	0,859	0,863	0,864
0,60	0,841	0,840	0,839	0,839	0,839	0,840	0,841	0,844	0,847	0,852	0,856	0,857
0,65	0,835	0,834	0,832	0,832	0,832	0,833	0,834	0,836	0,839	0,845	0,848	0,850
0,70	0,829	0,826	0,825	0,825	0,825	0,826	0,827	0,829	0,832	0,838	0,840	0,842
0,80	0,823	0,821	0,818	0,816	0,815	0,815	0,816	0,818	0,821	0,826	0,829	0,831
0,90	0,817	0,814	0,810	0,808	0,806	0,806	0,806	0,806	0,810	0,815	0,818	0,820
1,00	0,809	0,807	0,804	0,801	0,800	0,800	0,800	0,801	0,803	0,808	0,811	0,813
1,10	0,806	0,802	0,798	0,794	0,794	0,793	0,793	0,794	0,795	0,800	0,804	0,806
1,20	0,801	0,798	0,794	0,791	0,789	0,787	0,786	0,787	0,789	0,793	0,797	0,799
1,40	0,796	0,792	0,787	0,783	0,780	0,778	0,777	0,777	0,778	0,781	0,785	0,787
1,70	0,792	0,787	0,780	0,775	0,771	0,769	0,767	0,766	0,766	0,769	0,772	0,774
2,00	0,789	0,784	0,784	0,776	0,771	0,762	0,759	0,757	0,756	0,758	0,762	0,764
2,50	0,788	0,783	0,773	0,768	0,761	0,757	0 752	0,749	0,748	0,748	0,750	0,752
3,00	0,787	0,781	0,771	0,765	0,758	0,753	0,749	0,745	0,743	0,741	0,743	0,745
5,00	0,790	0,783	0,772	0,765	0,755	0,749	0,743	0,736	0,733	0,732	0,732	0,734
10,00	0,797	0,789	0,778	0,765	0,759	0,752	0,745	0,737	0,733	0,730	0,729	0,730
∞	0,806	0,799	0,786	0,777	0,767	0,760	0,752	0,743	0,738	0,734	0,732	0,734
∞	0,791	0,782	0,767	0,755	0,742	0,733	0,721	0,709	0,702	0,695	0,692	0,692

für $\frac{\gamma_a}{\gamma_i} = \infty$.

Ein praktisches Beispiel möge den durch die Zahlentafeln und die Rechnungstafel wesentlich vereinfachten Rechnungsgang zeigen. Die Auskühlung einer isolierten Dampfleitung sei zu ermitteln.

Rechnungsgrößen:

Rohrdurchmesser . . . . = 150/159 mm,
Dampftemperatur . . . . = 320° C,
Raumtemperatur . . . . = 20° C,
Isolierstärke . . . . = 70 mm,
Wärmeleitzahl } der Isolierung (Kieselgur) . . . . = 0,09 kcal/m, h, ° C,
Raumgewicht } der Isolierung (Kieselgur) . . . . = 500 kg/m³,
Spez. Wärme } der Isolierung (Kieselgur) . . . . = 0,20 kcal/kg, ° C,
Auskühlzeit . . . . = 8 st,
Lage der Leitung . . . . = Innenraum.

Rechnungsgang:

Nach den bekannten Tabellenwerten: $q_{st} = 243$ kcal/m, h;
$W_{Js} = 705$ kcal/m; $W_E = 648$ kcal/m; also $W_{st} = 1353$ kcal/m;
Nach Zahlentafel 1: $\alpha_a = 8{,}38$; also $r_a\delta = \frac{8{,}38}{0{,}09} \cdot 0{,}07 = 6{,}52$;
Nach Zahlentafel 3: $\sigma\delta = 24{,}3 \cdot \frac{100}{100} \cdot 0{,}952 \cdot 0{,}07 = 1{,}62$;
$\frac{r_a}{r_i} = \frac{0{,}1495}{0{,}0795} = 1{,}88$;
Nach Zahlentafel 4 wird dazu $\psi = 0{,}833$;
Nach Tafel II wird $\frac{Q_0^{t_a}}{W_{st}} = 0{,}815$.

Also in den ersten 8 st Auskühlzeit sind $1353 \cdot 0{,}815 = 1102$ kcal/m Rohr ausgekühlt.

Um auch die rein rechnerische Lösung der Näherungsgleichung zu vereinfachen, seien in folgender Zahlentafel 5 die Werte des Ausdruckes e^{-x} für $x = 0$—6 nach Hayashi[7] wiedergegeben.

Zahlentafel 5. e^{-x} als Funktion von x.

x	e^{-x}	x	e^{-x}	x	e^{-x}	x	e^{-x}
0,00	1,0000	0,30	0,7408	1,10	0,3329	2,80	0,0608
0,01	0,9901	0,32	0,7262	1,15	0,3166	2,90	0,0550
0,02	0,9802	0,34	0,7118	1,20	0,3012		
0,03	0,9705	0,36	0,6977	1,25	0,2865	3,00	0,0498
0,04	0,9608	0,38	0,6839	1,30	0,2725	3,10	0,0451
				1,35	0,2592	3,20	0,0408
0,05	0,9512	0,40	0,6703	1,40	0,2466	3,30	0,0369
0,06	0,9418	0,42	0,6571	1,45	0,2346	3,40	0,0334
0,07	0,9324	0,44	0,6440				
0,08	0,9231	0,46	0,6313	1,50	0,2231	3,50	0,0302
0,09	0,9139	0,48	0,6188	1,55	0,2123	3,60	0,0273
				1,60	0,2019	3,70	0,0247
0,10	0,9048	0,50	0,6065	1,65	0,1921	3,80	0,0224
0,11	0,8958	0,52	0,5945	1,70	0,1827	3,90	0,0202
0,12	0,8869	0,54	0,5828	1,75	0,1738		
0,13	0,8781	0,56	0,5712	1,80	0,1653	4,00	0,0183
0,14	0,8694	0,58	0,5600	1,85	0,1572	4,20	0,0150
				1,90	0,1496	4,40	0,0123
0,15	0,8607	0,60	0,5488	1,95	0,1423	4,60	0,0101
0,16	0,8521	0,65	0,5221			4,80	0,0091
0,17	0,8437	0,70	0,4966	2,00	0,1353		
0,18	0,8353	0,75	0,4724	2,10	0,1225	5,00	0,0067
0,19	0,8270	0,80	0,4493	2,20	0,1108	5,20	0,0055
		0,85	0,4274	2,30	0,1003	5,40	0,0045
0,20	0,8187	0,90	0,4066	2,40	0,0907	5,60	0,0037
0,22	0,8025	0,95	0,3867			5,80	0,0030
0,24	0,7866			2,50	0,0821		
0,26	0,7711	1,00	0,3679	2,60	0,0743	6,00	0,0025
0,28	0,7558	1,05	0,3499	2,70	0,0672		

e) Einführung und Ermittlung des Koeffizienten der Auskühlung.

In dem Bestreben, die Erfassung des Auskühlverlustes isolierter Rohrleitungen so einfach zu gestalten, daß sie in die Praxis Eingang finden kann und muß, soll in folgendem ein „Koeffizient der Auskühlung" entwickelt und zahlenmäßig dargestellt werden. Seine Einführung macht eine besondere Berechnung des Auskühlverlustes vollkommen überflüssig, so daß letztere in einer Wirtschaftlichkeitsberechnung nicht mehr erscheint.

Der Koeffizient sei mit t_0 bezeichnet, da er eine rechnungsmäßige Auskühlzeit darstellt und ist bestimmt durch das Verhältnis

$$t_0 = \frac{Q_0^{t_a}}{q_{st}} = \frac{\text{Auskühlverlust}}{\text{Beharrungsverlust/st}}.$$

Die Auskühlung wird damit auf einen eindeutigen Zustand, den Beharrungsverlust, zurückgeführt. Dies ist sehr vorteilhaft, da der stationäre Wärmeverlust stets am meisten interessiert und deswegen ohnehin bekannt oder doch leicht zu ermitteln* ist. Vor allem aber ist diese Beziehung zweckmäßig, weil dadurch der Auskühlkoeffizient praktisch unabhängig wird von der Temperaturdifferenz zwischen Rohr und Luft, und seine tabellenmäßige Aufstellung erst ermöglicht wird.

Es soll zunächst die Gleichung des Koeffizienten abgeleitet werden. Für den Fall, daß sich die Auskühlung über unendlich lange Zeit erstreckt, muß der Auskühlverlust $Q_0^{t_a}$ gleich sein der Gesamtspeicherwärme W_{st}, und damit wird der Koeffizient $t_0 = \frac{W_{st}}{q_{st}}$. Die Gesamtspeicherwärme setzt sich zusammen aus der der Isolierung — W_{Js} —, der des Eisenrohres — W_E — und der des Kernes — W_k —, die aber nur bei Wasser als Wärmeträger eine Rolle spielt. Bei Dampf und Gas als Wärmeträger kann der Kern stets vernachlässigt werden. In der hier zweckmäßigsten Form lauten die Formeln:

$$W_{Js} = r_i^2 \pi \cdot c \cdot R \cdot (\vartheta_i - \vartheta_e) \left[\frac{\left(\frac{r_a}{r_i}\right)^2 \cdot \left(\frac{1}{\tau_a \cdot r_a} + \frac{1}{2}\right) - \frac{1}{2}}{\frac{1}{\tau_a \cdot r_a} + \ln \frac{r_a}{r_i}} - 1 \right];$$

$$W_E = (r_i^2 - r_0^2) \cdot \pi \cdot c_E \cdot \gamma_E \cdot (\vartheta_i - \vartheta_e);$$

$$W_k = r_0^2 \pi \cdot c_k \cdot \gamma_k \cdot (\vartheta_i - \vartheta_e);$$

$$q_{st} = 2\pi \cdot \lambda \cdot \frac{(\vartheta_i - \vartheta_e)}{\frac{1}{\tau_a \cdot r_a} + \ln \frac{r_a}{r_i}}.$$

Der in den drei Gleichungen für die Einzelspeicherwärme vorkommende Ausdruck $\pi \cdot (\vartheta_i - \vartheta_e)$ wird nun ersetzt durch

$$q_{st} \cdot \frac{\frac{1}{\tau_a \cdot r_a} + \ln \frac{r_a}{r_i}}{2\lambda}.$$

Diese Gleichungen dann in die Formel für t_0

$$t_0 = \frac{W_{st}}{q_{st}} = \frac{W_{Js} + W_E + W_k}{q_{st}}$$

eingesetzt, ergibt die Gleichung des Koeffizienten:

$$t_0 = \frac{R \cdot c}{2\lambda} \cdot r_i^2 \left[\left(\frac{r_a}{r_i}\right)^2 \cdot \left\{\frac{1}{\tau_a \cdot r_a} + \frac{1}{2}\right\} - \frac{1}{2} - \left\{\frac{1}{\tau_a \cdot r_a} + \ln \frac{r_a}{r_i}\right\}\right]$$
$$+ \frac{c_E \cdot \gamma_E}{2\lambda} \cdot (r_i^2 - r_0^2) \cdot \left\{\frac{1}{\tau_a \cdot r_a} + \ln \frac{r_a}{r_i}\right\} + \frac{c_k \cdot \gamma_k}{2\lambda} \cdot r_0^2 \left\{\frac{1}{\tau_a \cdot r_a} + \ln \frac{r_a}{r_i}\right\}.$$

Aus dieser Gleichung des Auskühlkoeffizienten für eine unendliche Auskühlzeit geht hervor, daß t_0 nur noch insofern von der Temperaturdifferenz $(\vartheta_i - \vartheta_e)$ abhängig ist,

* Siehe vor allem Literaturangabe Nr. 1.

als die spez. Wärmen eine Funktion der Temperatur sind und die äußere Übergangszahl und damit die Überleitgröße τ nicht genau proportional der Temperaturdifferenz sind. Die Temperaturabhängigkeit der spezifischen Wärme der Isoliermittel ist aber nur gering und für viele Materialien noch nicht bekannt. Die spezifische Wärme des Eisens wächst ebenfalls nur sehr wenig mit steigender Temperatur. Die Speicherwärme des Wärmeträgers anderseits kommt nur bei Warmwasserleitungen in Frage, die spezifische Wärme des Wassers kann aber für die in Frage kommenden Temperaturen stets genau genug = 1 gesetzt werden. Damit ist also ein nur sehr geringer Einfluß der Temperaturabhängigkeit der spezifischen Wärmen auf den Auskühlkoeffizienten zu erwarten. Weiterhin ergab die Überprüfung, daß der Einfluß der nicht genauen Proportionalität des Beharrungsverlustes mit der Temperaturdifferenz zwischen Rohr und Luft wegen der Abhängigkeit der äußeren Übergangszahl von der Isolieroberflächentemperatur ebenfalls praktisch vernachlässigbar ist. Von der Temperaturabhängigkeit der Wärmeleitzahl der Isoliermittel ist schon deswegen kein wesentlicher Einfluß auf den Koeffizienten zu erwarten, weil der Einfluß der Wärmeleitzahl an sich auf die Speicherwärme der Isolierung nicht allzu groß ist. Für eine endliche Auskühlzeit kommt als weitere Größe bei der Bestimmung von t_0 der Faktor ψ hinzu. Die temperaturabhängigen Faktoren sind dafür die gleichen wie vorhin. Die somit bedingte Veränderlichkeit von ψ ist aber ebenfalls nur äußerst gering, wie ein Überblick über die Zahlentafel 4 sofort erkennen läßt. Folgende Zahlentafel 6 zeigt nun, daß der Auskühlkoeffizient mit hinreichender Genauigkeit praktisch unabhängig ist von der Temperaturdifferenz zwischen Rohr und Luft.

Zahlentafel 6. Der Auskühlkoeffizient t_0 als Funktion von $(\vartheta_i - \vartheta_e)$. Lage der Leitungen: Innenraum. Wärmeträger: Dampf oder Gase.

Rechnungsgrößen:	t_a st	Temperaturdifferenz $(\vartheta_i - \vartheta_e)$ in °C			
		100	200	300	400
$d = 32/38$ mm; $\delta = 20$ mm; $c \cdot R = 50$; $\lambda = 0{,}05$; $t_a = 2, 4\ \infty$ st,	2 4 ∞	0,972 1,13 1,16	0,978 1,13 1,16	0,988 1,14 1,17	0,999 1,16 1,19
$d = 150/159$ mm; $\delta = 80$ mm; $c \cdot R = 90$; $\lambda = 0{,}10$; $t_a = 4, 8, \infty$ st,	4 8 ∞	3,27 4,71 5,77	3,25 4,69 5,75	3,25 4,69 5,76	3,25 4,69 5,76
$d = 402/420$ mm; $\delta = 150$ mm; $c \cdot R = 180$; $\lambda = 0{,}15$; $t_a = 8, 16; \infty$ st.	8 16 ∞	7,74 12,95 21,70	7,88 13,18 22,00	7,82 13,07 21,90	7,82 13,05 22,00

Die Werte der Zahlentafel 7 über den Auskühlkoeffizienten für Dampf- und Gasleitungen sind für eine Temperaturdifferenz $(\vartheta_i - \vartheta_e) = 200°$ C berechnet. Demgegenüber betragen die Abweichungen des t_0 nach vorstehender Zusammenstellung bei anderen Temperaturdifferenzen 0 bis 2,6%, eine Abweichung, die praktisch belanglos ist. Bedenkt man, daß die Erfassung des Beharrungsverlustes auch nicht genauer möglich ist, und daß die formelmäßige Bestimmung von α_a immer eine Annäherung bleiben muß, weil die bestimmenden Faktoren allzu leicht Veränderungen unterworfen sind, weil im praktischen Betriebe meist eine gewisse Zugluft herrscht, so ist die vereinfachende Annahme der Unabhängigkeit des Auskühlkoeffizienten von der Temperaturdifferenz vollkommen gerechtfertigt.

Besprechung der Zahlentafel 7. Die in der Zahlentafel zusammengestellten Werte des Auskühlkoeffizienten gelten für alle Arten isolierter Rohrleitungen in Innenräumen, die einen Wärmeträger führen, dessen Kern bei der Ermittlung der Gesamtspeicherwärme vernachlässigt werden kann, also für Dampf-, Gas- und Warmluftleitungen.

f) Zahlentafel über den Auskühlkoeffizienten.

Zahlentafel 7. Auskühlkoeffizient t_0 für das Rohr 32/38 und $c \cdot R = 40$.

Auskühlzeit Std.	Wärmeleitzahl kcal/m h °C	Isolierstärke in mm								
		20	30	40	50	60	70	80	100	125
	0,05	0,930	1,12	1,28	1,45	1,60	1,69	1,77		
	0,075	0,754	0,914	1,07	1,23	1,38	1,49	1,56		
2	0,10	0,624	0,779	0,928	1,07	1,21	1,32	1,42		
	0,125	0,544	0,680	0,823	0,951	1,09	1,19	1,31		
	0,15	0,485	0,601	0,734	0,857	0,983	1,09	1,21		
	0,05	1,05	1,36	1,65	1,95	2,23	2,47	2,71		
	0,075	0,789	1,03	1,26	1,49	1,75	1,98	2,20		
4	0,10	0,646	0,832	1,03	1,23	1,44	1,66	1,87		
	0,125	0,556	0,708	0,878	1,05	1,24	1,42	1,61		
	0,15	0,492	0,623	0,773	0,927	1,09	1,24	1,42		
	0,05	1,07	1,42	1,77	2,20	2,60	3,01	3,41		
	0,075	0,790	1,07	1,30	1,56	1,88	2,19	2,51		
8	0,10	0,646	0,836	1,04	1,26	1,49	1,74	2,01		
	0,125	0,556	0,708	0,881	1,06	1,26	1,47	1,70		
	0,15	0,492	0,623	0,773	0,934	1,11	1,27	1,47		
	0,05	1,07	1,42	1,79	2,22	2,65	3,10	3,56		
	0,075	0,790	1,07	1,30	1,56	1,90	2,23	2,55		
12	0,10	0,646	0,836	1,04	1,26	1,50	1,75	2,02		
	0,125	0,556	0,708	0,881	1,06	1,26	1,47	1,70		
	0,10	0,492	0,623	0,773	0,934	1,11	1,27	1,47		
	0,05	1,07	1,42	1,79	2,22	2,66	3,13	3,61		
	0,075	0,790	1,07	1,30	1,56	1,90	2,23	2,56		
16	0,10	0,646	0,836	1,04	1,26	1,50	1,75	2,02		
	0,125	0,556	0,708	0,881	1,06	1,26	1,47	1,70		
	0,15	0,492	0,623	0,773	0,934	1,11	1,27	1,47		
	0,05	1,07	1,42	1,79	2,22	2,66	3,14	3,62		
	0,075	0,790	1,07	1,30	1,56	1,90	2,23	2,56		
24	0,10	0,646	0,836	1,04	1,26	1,50	1,75	2,02		
	0,125	0,556	0,708	0,881	1,06	1,26	1,47	1,70		
	0,15	0,492	0,623	0,773	0,934	1,11	1,27	1,47		
	0 05	1,07	1,42	1,79	2,22	2,66	3,14	3,62		
	0,075	0,790	1,07	1,30	1,56	1,90	2,23	2,56		
36	0 10	0 646	0,836	1,04	1,26	1,50	1,75	2,02		
	0,125	0,556	0,708	0,881	1,06	1,26	1,47	1,70		
	0,15	0,492	0,623	0,773	0,934	1,11	1,27	1,47		
	0,05	1,07	1,42	1,79	2,22	2,66	3,14	3,62		
	0,075	0,790	1,07	1,30	1,56	1,90	2,23	2,56		
48	0,10	0,646	0,836	1,04	1,26	1,50	1,75	2,02		
	0,125	0,556	0,708	0,881	1,06	1,26	1,47	1,70		
	0,15	0,492	0,623	0,773	0,934	1,11	1,27	1,47		
	0,05	1,07	1,42	1,79	2,22	2,66	3,14	3,62		
	0,075	0,790	1,07	1,30	1,56	1,90	2,23	2,56		
∞	0,10	0,646	0,836	1,04	1,26	1,50	1,75	2,02		
	0,125	0,556	0,708	0,881	1,06	1,26	1,47	1,70		
	0,15	0,492	0,623	0,773	0,934	1,11	1,27	1,47		

Zahlentafel 7 (Fortsetzung). Auskühlkoeffizient t_0 für das Rohr 82,5/89 und $c \cdot R = 40$.

Auskühlzeit Std.	Wärmeleitzahl kcal/m h °C	Isolierstärke in mm								
		20	30	40	50	60	70	80	100	125
	0,05	1,12	1,33	1.50	1,61	1,72	1,81	1,86	1,96	
	0,075	0,925	1,12	1,29	1,41	1,52	1,63	1,72	1,85	
2	0,10	0,798	0,987	1,14	1,27	1,39	1,50	1,60	1,75	
	0,125	0,710	0,886	1,03	1,16	1,28	1,39	1,48	1,66	
	0,15	0,643	0,805	0,942	1,07	1,20	1,30	1,40	1,57	
	0,05	1,39	1,79	2,13	2,41	2,68	2,90	3,05	3,44	
	0,075	1,05	1,37	1,69	1,93	2,17	2,41	2,60	3,01	
4	0,10	0,872	1,14	1,40	1,63	1,85	2,07	2,28	2,66	
	0,125	0,755	0 980	1,20	1,41	1,63	1,84	2,03	2,37	
	0,15	0,672	0,870	1,06	1,26	1,47	1,64	1,83	2,12	
	0,05	1,47	2,00	2,51	3,02	3,47	3,90	4,28	5,08	
	0,075	1,08	1,45	1,84	2,20	2,54	2,93	3,28	4,00	
8	0,10	0,880	1,17	1,47	1,76	2,05	2,37	2,69	3,31	
	0,125	0,760	0,995	1,24	1,49	1,75	2,01	2,29	2,81	
	0,15	0,672	0,877	1,08	1,30	1,55	1,75	2,00	2,41	
	0,05	1,48	2,03	2,58	3,17	3,71	4,24	4,76	5,83	
	0,075	1,08	1,45	1,85	2,24	2,62	3,04	3,45	4,35	
12	0,10	0,880	1,17	1,47	1,77	2,08	2,41	2,76	3,47	
	0,125	0,760	0,995	1,24	1,49	1,76	2,03	2,32	2,90	
	0,15	0,672	0,877	1,08	1,30	1,55	1,75	2,01	2,46	
	0,05	1,48	2,04	2,59	3,21	3,78	4,37	4,96	6,21	
	0,075	1,08	1,45	1,85	2,25	2,63	3,07	3,52	4,48	
16	0,10	0.880	1,17	1,47	1,77	2,08	2,41	2,78	3,51	
	0,125	0,760	0,995	1,24	1,49	1,76	2,03	2,32	2,90	
	0,15	0,672	0,877	1,08	1,30	1,55	1,75	2,01	2,46	
	0,05	1,48	2,04	2,59	3,22	3,81	4,43	5,07	6,46	
	0,075	1,08	1,45	1.85	2,25	2,63	3,08	3,55	4,55	
24	0,10	0,880	1,17	1,47	1,77	2,08	2,41	2,78	3,51	
	0,125	0,760	0,995	1,24	1,49	1,76	2,03	2,32	2,90	
	0,15	0,672	0,877	1,08	1,30	1,55	1,75	2,01	2,46	
	0,05	1,48	2,04	2,59	3,22	3,81	4,43	5,09	6,52	
	0,075	1,08	1,45	1,85	2,25	2,63	3,08	3,55	4,56	
36	0,10	0,880	1,17	1,47	1,77	2,08	2,41	2,78	3,51	
	0,125	0,760	0,995	1,24	1,49	1,76	2,03	2,32	2,90	
	0,15	0,672	0,877	1,08	1,30	1,55	1,75	2,01	2,46	
	0,05	1,48	2,04	2,59	3,22	3,81	4,43	5,09	6,52	
	0,075	1,08	1,45	1,85	2,25	2,63	3,08	3,55	4,56	
48	0,10	0,880	1,17	1,47	1,77	2,08	2,41	2,78	3,51	
	0,125	0,760	0.995	1,24	1,49	1,76	2,03	2,32	2,90	
	0,15	0,672	0,877	1,08	1,30	1,55	1,75	2,01	2,46	
	0,05	1,48	2,04	2,59	3,22	3,81	4,43	5,09	6,52	
	0,075	1,08	1,45	1,85	2,25	2,63	3,08	3,55	4,56	
∞	0.10	0,880	1,17	1,47	1,77	2,08	2,41	2,78	3,51	
	0,125	0,760	0,995	1,24	1,49	1,76	2,03	2,32	2,90	
	0,15	0,672	0,877	1,08	1,30	1,55	1,75	2,01	2,46	

Zahlentafel 7 (Fortsetzung). Auskühlkoeffizient t_0 für das Rohr 150/159 und $c \cdot R = 40$.

Auskühlzeit Std.	Wärmeleitzahl kcal/m h °C	Isolierstärke in mm								
		30	40	50	60	70	80	100	125	150
	0,05	1,50	1,63	1,72	1,84	1,89	1,92	1,97	1,98	1,99
	0,075	1,34	1,49	1,60	1,70	1,75	1,80	1,89	1,97	1,98
2	0,10	1,22	1,37	1,49	1,59	1,66	1,74	1,84	1,94	1,97
	0,125	1,12	1,26	1,39	1,49	1,56	1,64	1,78	1,89	1,94
	0,15	1,04	1,17	1,29	1,41	1,49	1,58	1,72	1,82	1,91
	0,05	2,24	2,54	2,82	3,07	3,24	3,38	3,61	3,77	3,85
	0,075	1,82	2,10	2,42	2,65	2,82	2,99	3,27	3,54	3,70
4	0,10	1,57	1,82	2,13	2,35	2,52	2,70	3,01	3,34	3,55
	0,125	1,38	1,63	1,90	2,12	2,29	2,48	2,80	3,11	3,39
	0,15	1,25	1,48	1,71	1,93	2,10	2,30	2,61	2,91	3,21
	0,05	2,78	3,37	3,94	4,43	4,84	5,22	5,88	6,47	6,92
	0,075	2,10	2,59	3,06	3,49	3,86	4,27	4,88	5,57	6,08
8	0,10	1,72	2,12	2,52	2,90	3,24	3,57	4,19	4,91	5,48
	0,125	1,48	1,81	2,16	2,49	2,79	3,10	3,69	4,38	4,96
	0,15	1,30	1,58	1,89	2,19	2,45	2,77	3,28	3,93	4,52
	0,05	2,94	3,64	4,36	5,00	5,58	6,19	7,16	8,18	9,07
	0,075	2,15	2,68	3,20	3,75	4,24	4,72	5,61	6,65	7,52
12	0,10	1,73	2,16	2,59	3,02	3,44	3,85	4,66	5,61	6,46
	0,125	1,48	1,83	2,20	2,56	2,90	3,28	4,00	4,85	5,67
	0,15	1,30	1,59	1,91	2,23	2,51	2,86	3,49	4,27	5,04
	0,05	2,97	3,73	4,54	5,26	6,00	6,74	8,04	9,36	10,6
	0,075	2,16	2,72	3,27	3,84	4,40	4,98	6,02	7,26	8,41
16	0,10	1,73	2,16	2,61	3,06	3,50	3,98	4,86	5,96	7,00
	0,125	1,48	1,83	2,20	2,57	2,92	3,36	4,09	5,06	6,01
	0,15	1,30	1,59	1,91	2,23	2,52	2,89	3,54	4,39	5,26
	0,05	2,97	3,77	4,64	5,42	6,30	7,17	8,86	10,7	12,5
	0,075	2,16	2,72	3,28	3,88	4,50	5,09	6,34	7,77	9,31
24	0,10	1,73	2,16	2,61	3,06	3,52	3,98	4,97	6,19	7,44
	0,125	1,48	1,83	2,20	2,57	2,92	3,36	4,14	5,20	6,25
	0,15	1,30	1,59	1,91	2,23	2,52	2,89	3,56	4,45	5,37
	0,05	2,97	3,77	4,65	5,47	6,40	7,32	9,22	11,5	13,8
	0,075	2,16	2,72	3,28	3,89	4,51	5,11	6,41	8,04	9,66
36	0.10	1,73	2,16	2,61	3,06	3,52	3,98	4,97	6,25	7,57
	0,125	1,48	1,83	2,20	2,57	2,92	3,36	4,14	5,20	6,30
	0,15	1,30	1,59	1,91	2,23	2,52	2,89	3,56	4,45	5,40
	0,05	2,97	3,77	4,65	5,47	6,40	7,35	9,32	11,7	14,3
	0,075	2,16	2,72	3,28	3,89	4,51	5,11	6,42	8,07	9,81
48	0,10	1,73	2,16	2,61	3,06	3,52	3,98	4,97	6,25	7,59
	0,125	1,48	1,83	2,20	2,57	2,92	3,36	4,14	5,20	6,30
	0,15	1,30	1,59	1,91	2,23	2,52	2,89	3,56	4,45	5,40
	0,05	2,97	3,77	4,65	5,47	6,40	7,35	9,32	11,7	14,5
	0,075	2,16	2,72	3,28	3,89	4,51	5,11	6,42	8,07	9,85
∞	0,10	1,73	2,16	2,61	3,06	3,52	3,98	4,97	6,25	7,59
	0,125	1,48	1,83	2,20	2,57	2,92	3,31	4,14	5,20	6,30
	0,15	1,30	1,59	1,91	2,23	2,52	2,89	3,56	4,45	5,40

Zahlentafel 7 (Fortsetzung). Auskühlkoeffizient t_0 für das Rohr 253/267 und $c \cdot R = 40$.

Auskühlzeit Std.	Wärmeleitzahl kcal/m h °C	Isolierstärke in mm								
		40	50	60	70	80	100	125	150	200
2	0,05	1,78	1,83	1,86	1,91	1,96	1,98	2,00	2,00	2,00
	0,075	1,67	1,73	1,81	1,87	1,90	1,94	1,99	2,00	2,00
	0,10	1,58	1,65	1,75	1,81	1,85	1,91	1,97	2,00	2,00
	0,125	1,50	1,58	1,68	1,74	1,80	1,88	1,94	1,99	2,00
	0,15	1,42	1,52	1,60	1,66	1,73	1,82	1,91	1,96	2,00
4	0,05	3,05	3,20	3,37	3,52	3,63	3,76	3,88	3,96	4,00
	0,075	2,68	2,87	3,07	3,24	3,38	3,54	3,69	3,87	3,98
	0,10	2,42	2,62	2,83	3,01	3,16	3,38	3,57	3,76	3,94
	0,125	2,21	2,43	2,63	2,80	2,96	3,20	3,41	3,60	3,86
	0,15	2,03	2,26	2,47	2,62	2,77	3,04	3,30	3,47	3,77
8	0,05	4,58	5,00	5,42	5,79	6,14	6 58	7,02	7,44	7,75
	0,075	3,50	4,14	4,55	4,98	5,30	5,83	6,38	6,83	7,40
	0,10	3,12	3,57	3,96	4,38	4,68	5,25	5,85	6,31	7,05
	0,125	2,72	3,13	3,53	3,88	4,21	4,72	5,37	5,86	6,70
	0,15	2,41	2,79	3,18	3,48	3,80	4,38	4,95	5,44	6,33
12	0,05	5,30	5,98	6,62	7,21	7,73	8,59	9,36	10,1	10,9
	0,075	4,07	4,70	5,25	5,85	6,33	7,24	8.17	7,88	10,0
	0,10	3,33	3,90	4,41	4,95	5,40	6,28	7,21	7,92	9,26
	0,125	2,84	3,34	3,82	4,27	4,72	5,53	6,46	7,17	8,56
	0,15	2,48	2,92	3,38	3,76	4,19	4,95	5,74	6,48	7,85
16	0.05	5,67	6,56	7,43	8,20	8,94	10,1	11,3	12,4	13,7
	0,075	4,22	4,96	5,63	6,34	6,95	8,14	9,36	10,4	12,2
	0,10	3,39	4,03	4.60	5,22	5,76	6,84	8.04	9,02	10.9
	0,125	2,87	3.41	3,92	4,43	4,45	5,91	7,00	7,96	9,87
	0,15	2,50	2,97	3,44	3,86	4,34	5,22	6,18	7,10	8.87
24	0,05	5,96	7,06	8,18	9,23	10,2	12,0	13,9	15,4	18,1
	0,075	4,33	5,17	5,93	6,75	7,46	9,10	10,8	12,3	14.9
	0,10	3,42	4,10	4,72	5,39	6,02	7,35	8,88	10,2	12,9
	0,125	2,88	3,43	3,95	4,54	5,11	6,20	7,51	8,71	11,2
	0,15	2,50	2,97	3,46	3,90	4,42	5,38	6,48	7,59	9,94
36	0,05	6,06	7,26	8,56	9,74	11,2	13,3	16,0	18,2	22,4
	0,075	4,36	5,20	5,96	6,90	7,76	9,50	11,6	13,6	17,5
	0.10	3,42	4,10	4,72	5,44	6,11	7,53	9,26	10,9	14.4
	0,125	2,88	3,43	3,95	4,56	5,13	6,30	7,70	9,07	12,2
	0,15	2,50	2,97	3,46	3,90	4,42	5,42	6,59	7,77	10,5
48	0,05	6,06	7,30	8,67	9,92	11,3	13,9	16,9	19,4	25,1
	0,075	4,36	5,20	5,98	6,96	7,78	9,67	11.9	14,9	18,7
	0,10	3.42	4,10	4.72	5,44	6,11	7,56	9,36	11,1	14,9
	0,125	2,88	3,43	3,95	4,56	5,13	6,32	7,73	9,18	12,4
	0,15	2,50	2,97	3,46	3,90	4,42	5,42	6,59	7,81	10,6
∞	0,05	6.06	7,30	8,67	9,96	11,3	14,2	17,7	21,1	29,3
	0,075	4,36	5,20	5,98	6,96	7,78	9,73	12,1	14,3	20,0
	0,10	3,42	4,10	4,72	5,44	6,11	7,56	9,36	11,1	15,3
	0,125	2.88	3,43	3,95	4,56	5,13	6,32	7,73	9,18	12,5
	0,15	2,50	2,97	3,46	3,90	4,42	5,42	6,59	7,81	10,6

Zahlentafel 7 (Fortsetzung). Auskuhlkoeffizient t_0 für das Rohr 402/420 und $c \cdot R = 40$.

Auskühlzeit Std.	Wärmeleitzahl kcal/m h °C	Isolierstärke in mm								
		40	50	60	70	80	100	125	150	200
2	0,05	1,81	1,87	1,92	1,97	2,00	2,00	2,00	2,00	2,00
	0,075	1,73	1,78	1,84	1,88	1,92	1,98	2,00	2.00	2,00
	0,10	1,66	1,72	1,78	1,83	1,88	1,94	1,99	2,00	2,00
	0,125	1,58	1,66	1,73	1,79	1,83	1.90	1,97	2,00	2,00
	0,15	1,52	1,63	1,69	1,76	1,80	1,87	1,95	1,98	2,00
4	0,05	3,24	3,42	3,52	3,61	3,69	3,83	3,96	3,98	4,00
	0,075	2,88	3,11	3 28	3,37	3,51	3,65	3,85	3,94	3.98
	0.10	2,69	2,89	3,10	3.20	3,34	3,51	3,74	3,89	3,96
	0,125	2,50	2,71	2,91	3,04	3,18	3,38	3,60	3,76	3,94
	0,15	2,37	2,57	2,75	2,91	3,04	3,27	3,46	3,63	3,91
8	0,05	5,12	5,68	6.02	6,24	6,52	6,87	7,42	7,50	7,89
	0,075	4,32	4.82	5,24	5,54	5,82	6,30	6,86	7,12	7,53
	0,10	3,78	4,25	4,67	5,00	5,30	5 84	6,40	6,77	7,24
	0,125	3,36	3 82	4,23	4.57	4,87	5,42	5,97	6,43	6,98
	0,15	3,04	3,48	3.86	4,19	4,51	5,05	5,58	6,00	6,63
12	0,05	6,24	7,07	7,65	8,13	8,57	9,34	10,2	10,3	11.2
	0,075	5,00	5,70	6,34	6,83	7,33	8,15	9,01	9,52	10.5
	0,10	4,21	4,85	5,44	5.95	6,43	7,30	8,14	8,87	9,87
	0,125	3,65	4,25	4,80	5,30	5,76	6.58	7,45	8,24	9,31
	0,15	3,23	3,79	4,29	4,75	5,20	6,00	6,86	7,46	8,77
16	0,05	6,91	8,00	8 86	9,55	10,1	11,3	12,5	12,9	14,3
	0.075	5,32	6,21	7.00	7,72	8,35	9,51	10,7	11,5	13 0
	0,10	4.38	5,15	5,86	6,52	7 14	8,25	9,45	10,4	12,0
	0,125	3,75	4.43	5,08	5.66	6.26	7,31	8,45	9,41	11,1
	0,15	3,30	3.90	4,49	5,00	5,54	6,52	7,61	8,50	10,2
24	0.05	7,56	9,00	10,3	11,3	12,3	14,1	16,0	17,0	19,5
	0,075	5,59	6,62	7,61	8,60	9,51	11,1	13,0	14,3	17.1
	0,10	4,51	5,34	6.18	7,00	7,77	9,26	11,0	12,4	14,9
	0,125	3,82	4,55	5.25	5,94	6,63	7,96	9,54	10,9	13,3
	0,15	3,33	3,96	4,59	5,16	5,78	6,93	8,36	9,56	12,0
36	0,05	7,84	9,52	11,1	12,5	13,9	16,5	19,3	21,2	25,2
	0,075	5,68	6,74	7,90	9,10	10,2	12,2	14,8	16,8	20,7
	0,10	4,51	5,40	6,29	7,20	8,05	9,78	12,0	13 9	17,5
	0,125	3,82	4,55	5,31	6,03	6,80	8,22	10,1	11,7	15,2
	0,15	3,33	3,96	4,61	5,20	5,86	7 08	8,70	10,1	13,2
48	0,05	7,92	9,65	11,4	13,0	14,5	17,7	21,1	23,7	29,3
	0.075	5.70	6,76	7,99	9,24	10,3	12.7	15,5	17,9	22,7
	0,10	4.51	5.40	6,29	7,22	8,12	9,98	12,3	14,4	18,8
	0,125	3.82	4,55	5,31	6,03	6,80	8,33	10,3	12,0	15,8
	0,15	3,33	3,96	4,61	5,20	5,86	7,11	8,79	10,3	13,6
∞	0,05	7,92	9,72	11,6	13,3	15,0	18,8	23,6	28.1	38,7
	0,075	5.70	6,77	8.00	9.25	10,3	12.9	16,0	19,1	26,4
	0,10	4.51	5,40	6,29	7,22	8,12	9,98	12,4	14,8	20,1
	0,125	3,82	4 55	5.31	6,03	6,80	8,33	10,3	12,1	16,3
	0.15	3,33	3,96	4,61	5,20	5,86	7,11	8,79	10,3	13,9

Zahlentafel 7 (Fortsetzung). Auskühlkoeffizient t_0 fur das Rohr 32/38 und $c \cdot R = 90$.

Aus-kuhl-zeit Std.	Wärmeleitzahl kcal/m h °C	Isolierstärke in mm								
		20	30	40	50	60	70	80	100	125
	0.05	1,11	1,36	1,56	1,72	1,86	1,93	1,98		
	0,075	0,942	1,14	1,36	1,54	1,69	1,81	1,89		
2	0,10	0,766	0,998	1,22	1,40	1,56	1,71	1,82		
	0.125	0,711	0,891	1,10	1,28	1,45	1,61	1,73		
	0,15	0,614	0,810	1,01	1,17	1,34	1,49	1,63		
	0,05	1,32	1,77	2,17	2,59	2,96	3,24	3,50		
	0,075	0,992	1,35	1,73	2,10	2,45	2,76	3,04		
4	0,10	0,818	1,12	1,45	1,78	2,11	2,43	2,70		
	0,125	0,707	0,966	1,26	1,56	1,87	2,16	2,45		
	0,15	0,632	0,860	1,12	1,40	1,68	1,94	2,23		
	0,05	1,36	1,91	2,50	3,19	3,85	4,50	5,06		
	0,075	0,996	1,40	1,84	2,35	2,88	3,43	3,97		
8	0,10	0,818	1,14	1,50	1,90	2,35	2,81	3,29		
	0,125	0,707	0,977	1,29	1,64	2,02	2,41	2,84		
	0.15	0,632	0,863	1,14	1,45	1,79	2,11	2,30		
	0,05	1,36	1,93	2,55	3,33	4,09	4,89	5,68		
	0,075	0,996	1,41	1,85	2,39	2,96	3,58	4,24		
12	0,10	0,818	1,14	1,50	1,91	2,38	2,87	3,41		
	0,125	0,707	0,977	1,29	1,64	2,04	2,43	2,90		
	0,15	0,632	0,863	1,14	1,45	1,79	2,12	2,53		
	0,05	1,36	1,93	2,56	3,37	4,17	5,05	5,95		
	0,075	0,996	1,41	1,85	2,40	2,98	3,64	4,32		
16	0,10	0,818	1,14	1,50	1,91	2,38	2,89	3,45		
	0,125	0,707	0.977	1,29	1,64	2,04	2,43	2,92		
	0,15	0,632	0,863	1,14	1,45	1,79	2,12	2,54		
	0,05	1,36	1,93	2,56	3,37	4,20	5,12	6,11		
	0,075	0,996	1,41	1.85	2,40	2,98	3.66	4,37		
24	0,10	0,818	1,14	1,50	1,91	2,38	2,89	3,45		
	0,125	0.707	0,977	1,29	1,64	2,04	2,43	2,92		
	0,15	0,632	0,863	1,14	1,45	1,79	2,12	2,54		
	0,05	1,36	1,93	2,56	3,37	4,20	5,14	6,15		
	0,075	0,996	1,41	1,85	2,40	2,98	3,66	4,37		
36	0,10	0,818	1,14	1,50	1,91	2,38	2,89	3,45		
	0,125	0,707	0,977	1,29	1,64	2,04	2,43	2,92		
	0,15	0,632	0,863	1,14	1,45	1,79	1,12	2,54		
	0,05	1 36	1,93	2,56	3,37	4,20	5,14	6,15		
	0,075	0,996	1,41	1,85	2,40	2.98	3,66	4,37		
48	0,10	0,818	1,14	1,50	1,91	2,38	2,89	3,45		
	0,125	0,707	0,977	1,29	1,64	2,04	2,43	2,92		
	0,15	0,632	0,863	1,14	1,45	1,79	2,12	2,54		
	0,05	1,36	1,93	2,56	3,37	4,20	5,14	6,15		
	0,075	0,996	1,41	1,85	2,40	2,98	3.66	4,37		
∞	0.10	0,818	1,14	1.50	1,91	2,38	2,89	3,45		
	0,125	0,707	0,977	1,29	1,64	2.04	2,43	2,92		
	0,15	0,632	0,863	1,14	1,45	1,79	2,12	2,54		

Zahlentafel 7 (Fortsetzung). Auskühlkoeffizient t_0 für das Rohr 82,5/89 und $c \cdot R = 90$.

Aus-kühl-zeit Std.	Wärmeleit-zahl kcal/m h °C	Isolierstärke in mm								
		20	30	40	50	60	70	80	100	125
	0,05	1,25	1,51	1,70	1,84	1,94	1,97	1,99	2,00	
	0,075	1,06	1,32	1,51	1,68	1,79	1.86	1,94	1,98	
2	0,10	0,993	1,18	1,38	1,55	1,67	1,77	1,87	1,94	
	0,125	0,841	1,08	1,27	1,44	1,57	1,69	1,79	1,89	
	0,15	0,766	0,988	1,18	1,34	1,49	1,61	1,71	1,84	
	0,05	1,62	2,15	2,56	2,94	3,21	3,46	3,63	3,90	
	0,075	1,26	1,72	2,10	2,48	2,77	3,02	3,27	3,60	
4	0,10	1,05	1,44	1,80	2,15	2,45	2,70	2,99	3,36	
	0,125	0,918	1,27	1,59	1,92	2,22	2,47	2,74	3,15	
	0,15	0.824	1,13	1,43	1,72	2,04	2,28	2,51	2,94	
	0,05	1,76	2,51	3,21	3,93	4,57	5,13	5,65	6,53	
	0,075	1,30	1,86	2,43	3,02	3,54	4,08	4,62	5,54	
8	0,10	1.07	1,51	1,98	2,47	2,95	3,44	3,95	4,80	
	0,125	0.928	1,30	1,70	2,13	2,56	3,00	3,47	4,29	
	0,15	0.828	1,15	1,50	1,87	2,28	2,67	3,08	3,85	
	0,05	1,78	2,57	3,38	4,32	5,14	5,92	6,69	8,08	
	0,075	1,31	1,87	2,49	3,13	3,75	4,46	5,16	6,41	
12	0,10	1,07	1,51	2,00	2,52	3,05	3,63	4,24	5,38	
	0,125	0,928	1,30	1,71	2,15	2,62	3,11	3,63	4,67	
	0,15	0,828	1,15	1,50	1,88	2,32	2,73	3,18	4,11	
	0,05	1,78	2,59	3,44	4,44	5,37	6,30	7,24	9,10	
	0,075	1,31	1,88	2,51	3,15	3,83	4,61	5,38	6,86	
16	0,10	1,07	1,51	2,00	2,52	3,08	3,69	4,33	5,62	
	0,125	0,928	1.30	1,71	2,15	2,64	3,14	3,68	4,80	
	0,15	0,828	1,15	1,50	1,88	2,32	2,74	3,21	4,20	
	0,05	1,78	2,59	3,44	4,51	5,50	6,56	7,70	10,00	
	0,075	1,31	1,88	2,51	3,16	3,86	4.67	5,52	7,16	
24	0,10	1,07	1,51	2,00	2,52	3,08	3,69	4,38	5,77	
	0,125	0.928	1,30	1,71	2,15	2,64	3,14	3,68	4,85	
	0,15	0,828	1,15	1,50	1,88	2,32	2,74	3,21	4,23	
	0,05	1,78	2,59	3,44	4,51	5,53	6,63	7,85	10,5	
	0,075	1,31	1,88	2,51	3,16	3,86	4,69	5,55	7,31	
36	0,10	1.07	1,51	2,00	2,52	3,08	3,69	4,38	5,81	
	0,125	0,928	1,30	1,71	2,15	2,64	3,14	3,68	4,85	
	0,15	0,828	1,15	1,50	1,88	2,32	2,74	3,21	4,23	
	0,05	1,78	2,59	3,44	4,51	5,53	6 63	7.86	10,6	
	0.075	1,31	1,88	2,51	3,16	3,86	4,69	5,55	7,31	
48	0,10	1,07	1,51	2,00	2,52	3,08	3,69	4,38	5,81	
	0,125	0,928	1.30	1,71	2,15	2,64	3,14	3,68	4,85	
	0,15	0,828	1,15	1,50	1,88	2,32	2,74	3,21	4.23	
	0,05	1,78	2,59	3,44	4,51	5,53	6,63	7,86	10,6	
	0,075	1,31	1,88	2,51	3,16	3,86	4,69	5,55	7,31	
∞	0,10	1,07	1,51	2,00	2,52	3,08	3,69	4,38	5.81	
	0,125	0.928	1,30	1,71	2,15	2.64	3,14	3,68	4,85	
	0,15	0,828	1,15	1,50	1,88	2,32	2,74	3.21	4.23	

Zahlentafel 7 (Fortsetzung). Auskühlkoeffizient t_0 für das Rohr 150/159 und $c \cdot R = 90$.

Auskühlzeit Std.	Wärmeleitzahl kcal/m h °C	Isolierstärke in mm								
		30	40	50	60	70	80	100	125	150
	0,05	1,62	1,77	1,87	1,96	1,98	2,00	2,00	2,00	2,00
	0,075	1,50	1,65	1,76	1,86	1,90	1,95	1,98	2,00	2.00
2	0,10	1,39	1,54	1,66	1,78	1,84	1,90	1,96	2,00	2,00
	0,125	1,29	1,44	1,58	1,71	1,78	1,86	1,94	1,99	2,00
	0,15	1,20	1,35	1,50	1,64	1,72	1,81	1,92	1,97	2,00
	0,05	2,49	2,89	3,20	3,42	3,62	3,76	3,94	3,96	3,98
	0,075	2,11	2,49	2,80	3,07	3,29	3,47	3,72	3,85	3,94
4	0,10	1,85	2,22	2,51	2,80	3,04	3,25	3,55	3,75	3,90
	0,125	1,66	1,98	2,30	2,59	2,82	3,05	3,39	3,65	3,85
	0,15	1,50	1,80	2,12	2.41	2,62	2,87	3,24	3,51	3,79
	0,05	3,25	3,98	4,71	5,26	5,79	6,23	7,02	7,44	7,79
	0,075	2,50	3,17	3,80	4,34	4,87	5,32	6,10	6,80	7,22
8	0,10	2,06	2,64	3,19	3,72	4,20	4,66	5,45	6,27	6,80
	0,125	1,79	2,27	2,78	3,28	3,72	4,19	4,94	5,79	6,44
	0,10	1,60	2,01	2,47	2,93	3,32	3,79	4,55	5,30	6,11
	0,05	3,45	4,43	5,38	6,21	7,02	7,73	9,10	10,1	10,8
	0,075	2,59	3,29	4,12	4,86	5,57	6,20	7,54	8,73	9,57
12	0,10	2,11	2,72	3,36	4,02	4,65	5,27	6,44	7,74	8,68
	0,125	1,82	2,34	2,88	3,45	4,00	4,65	5,72	6.91	7,95
	0,15	1,61	2,04	2,53	3,04	3,51	4,18	5,08	6,23	7,32
	0,05	3,52	4,59	5,73	6,73	7,76	8,73	10,5	12,1	13,3
	0,075	2,60	3,35	4,26	5,06	5,92	6,68	8,35	10,0	11,3
16	0,10	2,11	2,74	3,43	4,12	4,82	5,54	6.96	8,58	9,94
	0,125	1,82	2,35	2,90	3,50	4,09	4,77	6,01	7,52	8,91
	0,15	1,61	2,04	2,54	3,07	3,58	4,23	5,29	6,68	8,06
	0,05	3,55	4,68	5,96	7,15	8,45	9,74	12,3	14,8	17,0
	0,075	2,60	3,37	4,30	5,18	6,17	7,07	9,20	11,5	13,5
24	0,10	2,11	2,74	3,43	4,16	4,93	5,71	7,37	9,44	11,4
	0,125	1,82	2,35	2,90	3,50	4,13	4,83	6,25	8,01	9,89
	0,15	1,61	2,04	2,54	3,07	3,58	4,23	5,42	7,03	8,69
	0,05	3,55	4,70	6,02	7,27	8,72	10,2	13,4	16,8	20,3
	0,075	2,60	3,37	4,30	5,21	6,26	7,21	9,55	12,3	15,1
36	0,10	2,11	2,74	3,43	4,16	4,94	5,74	7,50	9,80	12,2
	0,125	1,82	2,35	2,90	3,50	4,13	4,85	6,29	8,20	10,3
	0,15	1,61	2,04	2,54	3,07	3,58	4,23	5,44	7,13	8,94
	0,05	3,55	4,70	6,02	7,30	8,80	10,4	13,7	17,8	21,9
	0,075	2,60	3,37	4,30	5,21	6,28	7,23	9,65	12,5	15,7
48	0,10	2,11	2,74	3,43	4,16	4,94	5,74	7,51	9,90	12,4
	0,125	1,82	2,35	2,90	3,50	4,13	4,85	6,29	8,20	10,4
	0,15	1.61	2,04	2,54	3,07	3,58	4,23	5,44	7,13	8,98
	0,05	3,55	4,70	6,02	7,30	8,80	10,4	13,9	18,5	23,7
	0,075	2,60	3,37	4,30	5,21	6,28	7,23	9,66	12,6	16,1
∞	0,10	2,11	2,74	3,43	4,16	4,94	5,74	7,51	9,90	12,5
	0,125	1,82	2,35	2,90	3,50	4,13	4,85	6,29	8,20	10,4
	0,15	1,61	2,04	2.54	3,07	3,58	4,23	5,44	7,13	8,98

Zahlentafel 7 (Fortsetzung). Auskühlkoeffizient t_0 für das Rohr 253/267 und $c \cdot R = 90$.

Auskühlzeit Std.	Wärmeleitzahl kcal/m h °C	Isolierstärke in mm								
		40	50	60	70	80	100	125	150	200
2	0,05	1,87	1,92	1,97	1,99	2,00	2,00	2,00	2,00	2,00
	0,075	1,76	1,88	1,92	1,96	1,98	2,00	2,00	2,00	2,00
	0,10	1,68	1,80	1,86	1,92	1,95	2,00	2,00	2,00	2,00
	0,125	1,61	1,73	1,81	1,87	1,91	1,98	2,00	2,00	2,00
	0,15	1,55	1,66	1,75	1,82	1,87	1,95	2,00	2,00	2,00
4	0,05	3,26	3,46	3,66	3,78	3,84	3,96	3,98	4,00	4,00
	0,075	2,91	3,17	3,38	3,54	3,63	3,83	3,95	4,00	4,00
	0,10	2,66	2,95	3,16	3,35	3,47	3,72	3,91	3,99	4,00
	0,125	2,46	2,74	2,97	3,17	3,32	3,61	3,82	3,92	4,00
	0,15	2,30	2,57	2,80	3,00	3,18	3,49	3,72	3,84	4,00
8	0,05	5,02	5,56	6,07	6,48	6,79	7,34	7.69	7,89	8,00
	0,075	4,15	4,70	5,23	5,70	6,04	6,72	7,26	7,61	7,84
	0,10	3,57	4,14	4,65	5,11	5,46	6,19	6,85	7,29	7,69
	0,125	3,14	3,71	4,18	4,64	5,03	5,74	6,46	6,98	7,56
	0,15	2,80	3,38	3,81	4,21	4,63	5,34	6,07	6,65	7,44
12	0,05	5,93	6,80	7,60	8,26	8,88	9,96	10,7	11,2	12,0
	0,075	4,65	5,46	6,17	6,92	7,52	8,60	9,64	10,4	11,6
	0,10	3,86	4,62	5,28	5,98	6,56	7,63	8.77	9,65	11,0
	0,125	3,32	4,00	4,64	5,27	5,85	6,90	8,05	8,95	10,4
	0,15	2,93	3,56	4,16	4,70	5,27	6,33	7,40	8,32	9,92
16	0,05	6,61	7,53	8,64	9,55	10,4	11,9	13,2	14,1	15,7
	0,075	4,93	5,83	6,72	7,70	8,46	10,0	11,4	12,7	14,5
	0,10	3,97	4,82	5,61	6.45	7,20	8,65	10,1	11,5	13,5
	0,125	3,37	4,13	4,85	5,56	6,30	7,66	9,10	10,4	12,6
	0,15	2,96	3,63	4,28	4,89	5,58	6,86	8.26	9,48	11,7
24	0,05	6,88	8,33	9,80	11,1	12,4	14,7	16,9	18,7	21,7
	0,075	5,04	6,13	7,18	8,41	9,45	11,6	13,9	16,3	19,1
	0,10	4,02	4,93	5,83	6,81	7,74	9,61	11,8	14,4	17,2
	0,125	3,40	4,17	4,96	5,78	6,61	8,30	10,3	12,6	15,5
	0,15	2,96	3,63	4,36	5,01	5,80	7,29	9,02	10,8	14,1
36	0,05	7,03	8,66	10,4	12,1	13,8	17,0	20,4	23,2	28,7
	0.075	5,07	6,22	7,32	8,70	9 96	12,6	15,6	18,5	23,9
	0.10	4,02	4,96	5,88	6,94	7,94	10,1	12,7	15,4	20,5
	0,125	3,40	4,17	4,96	5,82	6,71	8,55	10,8	13,2	17,9
	0,15	2,96	3,63	4,36	5,03	5,84	7,46	9,40	11,4	15,8
48	0,05	7,05	8,74	10,6	12,4	14,3	18,1	22,4	26,1	33,4
	0,075	5,07	6,22	7,35	8,80	10,2	13,0	16.5	19,9	26,3
	0,10	4,02	4,96	5,88	6,94	7,99	10,3	13,2	16,0	22,1
	0,125	3,40	4,17	4,96	5,82	6,71	8,62	11,1	13,5	18,8
	0,15	2,96	3,63	4,36	5,03	5,84	7,46	9,48	11,6	16,4
∞	0,05	7,05	8,74	10,6	12,5	14,6	19,0	24,9	30,7	45,7
	0.075	5,07	6.22	7,35	8,80	10,2	13,2	17,2	21,4	31,5
	0,10	4,02	4,96	5,88	6,94	7,99	10,3	13,3	16,5	24,1
	0.125	3,40	4,17	4,96	5,82	6,71	8,62	11,1	13,7	19,5
	0,15	2,96	3,63	4,36	5,03	5,84	7,46	9,48	11,7	16,9

Zahlentafel 7 (Fortsetzung). Auskühlkoeffizient t_0 für das Rohr 402/420 und $c \cdot R = 90$.

Auskühlzeit Std.	Wärmeleitzahl kcal/m h °C	Isolierstärke in mm								
		40	50	60	70	80	100	125	150	200
	0,05	1,88	1,94	2,00	2,00	2,00	2,00	2,00	2,00	2,00
	0,075	1,83	1,91	1,98	1,99	2,00	2,00	2,00	2,00	2,00
2	0,10	1,76	1,85	1,94	1,96	1,98	2,00	2,00	2,00	2,00
	0,125	1,69	1,79	1,88	1,92	1,95	1,99	2,00	2,00	2,00
	0,15	1,63	1,72	1,82	1,87	1,91	1,97	2,00	2,00	2,00
	0,05	3,40	3,63	3,74	3,82	3,89	4,00	4,00	4,00	4,00
	0,075	3,13	3,38	3,53	3,64	3,74	3,92	3,99	4,00	4,00
4	0,10	2,91	3,17	3,36	3,48	3,60	3,82	3,97	4,00	4,00
	0,125	2,73	2,98	3,20	3,35	3,48	3,71	3,89	3,96	4,00
	0,15	2,56	2,81	3,06	3,23	3,37	3,60	3,79	3,89	4,00
	0,05	5,54	6,08	6,50	6,82	7,00	7,47	7,90	7,92	8,00
	0,075	4,74	5,30	5,75	6,17	6,41	7,02	7,57	7,84	7,96
8	0,10	4,18	4,74	5,22	5,63	5,93	6,61	7,20	7,61	7,88
	0,125	3,75	4,29	4,79	5,20	5,54	6,24	6,84	7,30	7,79
	0,15	3,40	3,93	4,43	4,81	5,20	5,86	6,48	6,90	7,70
	0,05	6,80	7,70	8,47	9,02	9,43	10,3	11,1	11,5	11,7
	0,075	5,50	6,41	7,17	7,77	8,22	9,28	10,3	11,0	11,6
12	0,10	4,71	5,50	6,24	6,88	7,37	8,45	9,53	10,3	11,3
	0,125	4,12	4,86	5,57	6,18	6,70	7,80	8,85	9,62	10,9
	0,15	3,67	4,35	5,04	5,60	6,17	7,18	8,20	8,98	10,4
	0,05	7,62	8,89	9,87	10,8	11,4	12,8	13,9	14,7	15,6
	0,075	5,92	7,04	8,04	8,90	9,58	11,1	12,4	13,6	14,8
16	0,10	4,96	5,91	6,82	7,65	8,36	9,77	11,2	12,5	14,0
	0,125	4,28	5,14	5,98	6,74	7,46	8,70	10,3	11,5	13,3
	0,15	3,77	4,54	5,32	5,99	6,72	7,75	9,43	10,5	12,6
	0,05	8,41	10,2	11,7	13,0	14,1	16,3	18,6	20,0	22,1
	0,075	6,24	7,65	8,91	10,2	11,2	13,4	15,8	17,3	20,2
24	0,10	5,10	6,21	7,30	8,38	9,37	11,4	13,7	15,4	18,5
	0,125	4,37	5,31	6,28	7,20	8,13	10,0	12,1	13,8	17,0
	0,15	3,82	4,65	5,51	6,33	7,16	8,79	10,8	12,4	15,7
	0,05	8,80	10,9	13,0	14,8	16,4	19,7	23,5	25,8	30,1
	0,075	6,34	7,90	9,35	10,9	12,3	15,1	18,6	21,4	25,8
36	0,10	5,14	6,31	7,47	8,71	8,89	12,3	15,4	18,1	22,8
	0,125	4,37	5,36	6,36	7,38	8,37	10,5	13,2	15,7	20,3
	0,15	3,82	4,65	5,56	6,40	7,32	9,24	11,6	13,6	18,3
	0,05	8,93	11,2	13,4	15,5	17,6	21,6	26,2	29,7	36,0
	0,075	6,34	7,97	9,47	11,1	12,7	16,0	19,9	23,3	29,9
48	0,10	5,14	6.31	7,50	8,80	10,1	12,7	16,1	19,3	25.5
	0,125	4,37	5,36	6,37	7,41	8,47	10,7	13,6	16,5	22,2
	0,15	3,82	4,65	5,56	6,40	7,35	9,24	11,8	14,2	19,5
	0,05	8,93	11,3	13,7	16,1	18,6	24,0	31,4	38,6	56,5
	0,075	6,34	7,97	9,55	11,3	13,0	16,5	21,6	26,5	38,9
∞	0,10	5,14	6,31	7,50	8,80	10,1	12,9	16,7	20,5	29,6
	0,125	4,37	5,36	6,37	7,41	8,47	10,7	13,9	17,0	24,4
	0,15	3,82	4,65	5,56	6,40	7,35	9,24	11,9	14,5	20,6

Zahlentafel 7 (Fortsetzung). Auskuhlkoeffizient t_0 für das *Rohr* 32/38 und $c \cdot R = 200$.

Auskühlzeit Std.	Wärmeleitzahl kcal/m h °C	Isolierstärke in mm								
		20	30	40	50	60	70	80	100	125
	0,05	1,37	1.67	1,84	1.93	1,98	1,99	2,00		
	0.075	1,18	1,47	1,71	1,84	1,93	1,98	2.00		
2	0,10	1.03	1,33	1,59	1,75	1,87	1,97	2.00		
	0,125	0,934	1,23	1,49	1,67	1,81	1,91	1,97		
	0,15	0,856	1,15	1,39	1,60	1,75	1,85	1,94		
	0,05	1,78	2,40	2,91	3,37	3,66	3,86	3,93		
	0,075	1,41	1,97	2,48	2,92	3,28	3,61	3,79		
4	0,10	1,17	1,69	2,18	2,61	3,00	3,35	3,59		
	0,125	1.02	1,50	1,97	2,40	2,78	3,12	3,40		
	0,15	0,931	1,35	1,80	2,22	2,61	2,90	3,21		
	0,05	1,95	2,86	3,80	4,82	5,65	6,35	6,91		
	0,075	1,47	2,17	2,96	3,81	4,58	5,38	5,96		
8	0,10	1.20	1,79	2,47	3,22	3,93	4,65	5,29		
	0,125	1,04	1,56	2,16	2,83	3,51	4,14	4,76		
	0,15	0.938	1,39	1,94	2,54	3,20	3,71	4,33		
	0,05	1,95	2,94	4,05	5,38	6,59	7,68	8,65		
	0,075	1.47	2,21	3.05	4,04	5,06	6,05	7,02		
12	0,10	1,20	1,80	2,51	3,33	4,20	5,10	6,02		
	0,125	1,04	1,56	2,18	2,88	3,69	4,42	5,28		
	0,15	0,938	1,39	1,95	2,58	3,32	3,91	4,68		
	0.05	1,95	2,97	4,14	5,63	7,05	8,46	9,78		
	0,075	1,47	2,21	3.09	4,13	5,23	6,37	7,55		
16	0,10	1,20	1,80	2,52	3,36	4,29	5,28	6,32		
	0,125	1,04	1.56	2,18	2,90	3,75	4,52	5,45		
	0,15	0,938	1,39	1,95	2.59	3,36	3,97	4,81		
	0,05	1,95	2,97	4.17	5,78	7,38	9,12	10,8		
	0,075	1,47	2,21	3.09	4.16	5,33	6.58	7,96		
24	0,10	1,20	1,80	2,52	3,36	4,32	5,36	6,52		
	0,125	1,04	1,56	2,18	2.90	3,76	4,57	5,58		
	0,15	0,938	1,39	1,95	2,59	3,36	4,00	4,88		
	0,05	1,95	2,97	4,17	5,81	7,48	9,37	11,4		
	0,075	1,47	2,21	3.09	4,16	5,34	6,64	8,10		
36	0.10	1,20	1,80	2,52	3,36	4,32	5,38	6,57		
	0,125	1,04	1,56	2,18	2,90	3,76	4,57	5,58		
	0,15	0,938	1,39	1,95	2,59	3.36	4,00	4,88		
	0,05	1,95	2,97	4,17	5.81	7,49	9,43	11,5		
	0,075	1,47	2,21	3.09	4.16	5,34	6,64	8,10		
48	0,10	1,20	1,80	2.52	3,36	4,32	5,38	6,57		
	0,125	1,04	1,56	2,18	2,90	3,76	4,57	5,58		
	0,15	0,938	1,39	1,95	2,59	3,36	4,00	4,88		
	0.05	1,95	2,97	4,17	5,81	7,49	9,43	11.5		
	0.075	1.47	2,21	3,09	4,16	5.34	6,64	8,10		
∞	0,10	1,20	1,80	2,52	3,36	4,32	5,38	6,57		
	0,125	1,04	1,56	2,18	2,90	3,76	4,57	5,58		
	0.15	0,938	1,39	1,95	2,59	3,36	4,00	4,88		

Zahlentafel 7 (Fortsetzung). Auskühlkoeffizient t_0 für das Rohr 82,5/89 und $c \cdot R = 200$.

Auskühlzeit Std.	Wärmeleitzahl kcal/m h °C	Isolierstärke in mm								
		20	30	40	50	60	70	80	100	125
	0,05	1,48	1,77	1,90	1,96	2,00	2,00	2,00	2,00	
	0,075	1,30	1,59	1,78	1,91	1,99	2,00	2,00	2,00	
2	0,10	1,17	1,47	1,68	1,84	1,95	1,98	2,00	2,00	
	0,125	1,07	1,37	1,60	1,77	1,89	1,94	1,99	2,00	
	0,15	0,994	1,29	1,52	1,68	1,81	1,89	1,97	2,00	
	0,05	2,05	2,73	3,18	3,56	3,76	3,90	3,95	3,96	
	0,075	1,66	2,28	2,76	3,17	3,49	3,66	3,82	3,94	
4	0,10	1,42	1,99	2,47	2,89	3,25	3,46	3,66	3,91	
	0,125	1,26	1,79	2,26	2,66	3,03	3,27	3,50	3,84	
	0,15	1,14	1,64	2,08	2,48	2,83	3,11	3,35	3,71	
	0,05	2,37	3,50	4,49	5,44	6,12	6,64	6,92	7,75	
	0,075	1,80	2,69	3,58	4,43	5,13	5,75	6,24	7,16	
8	0,10	1,49	2,23	3,01	3,78	4,50	5,12	5,68	6,64	
	0,125	1,31	1,95	2,64	3,34	4,04	4,62	5,22	6,19	
	0,15	1,17	1,75	2,36	3,01	3,67	4,22	4,82	5,78	
	0,05	2,41	3,72	4,98	6,36	7,44	8,33	9,03	10,5	
	0,075	1,81	2,78	3,80	4,90	5,92	6,81	7,68	9,20	
12	0,10	1,49	2,27	3,13	4,05	4,98	5,86	6,72	8,27	
	0,125	1,31	1,97	2,72	3,50	4,38	5,16	6,00	7,48	
	0,15	1,17	1,76	2,40	3,12	3,92	4,61	5,41	6,83	
	0,05	2,42	3,78	5,19	6,85	8,24	9,50	10,5	12,7	
	0,075	1,81	2,79	3,90	5,11	6,27	7,45	8,60	10,7	
16	0,10	1,49	2,27	3,17	4,14	5,16	6,20	7,31	9,31	
	0,125	1,31	1,97	2,73	3,56	4,48	5,38	6,38	8,25	
	0,15	1,17	1,76	2,40	3,15	4,00	4,76	5,67	7,38	
	0,05	2,42	3,81	5,30	7,22	8,94	10,7	12,3	15,6	
	0,075	1,81	2,79	3,92	5,22	6,51	7,95	9,42	12,3	
24	0,10	1,49	2,27	3,17	4,17	5,26	6,43	7,73	10,3	
	0,125	1,31	1,97	2,73	3,56	4,53	5,51	6,61	8,90	
	0,15	1,17	1,76	2,40	3,15	4,03	4,83	5,82	7,81	
	0,05	2,42	3,81	5,32	7,31	9,24	11,3	13,4	17,9	
	0,075	1,81	2,79	3,92	5,24	6,58	8,12	9,80	13,3	
36	0,10	1,49	2,27	3,17	4,17	5,27	6,49	7,87	10,7	
	0,125	1,31	1,97	2,73	3,56	4,53	5,52	6,70	9,06	
	0,15	1,17	1,76	2,40	3,15	4,03	4,83	5,86	7,95	
	0,05	2,42	3,81	5,32	7,35	9,32	11,5	13,8	18,8	
	0,075	1,81	2,79	3,92	5,24	6,58	8,13	9,92	13,6	
48	0,10	1,49	2,27	3,17	4,17	5,27	6,49	7,89	10,9	
	0,125	1,31	1,97	2,73	3,56	4,53	5,52	6,70	9,15	
	0,15	1,17	1,76	2,40	3,15	4,03	4,83	5,86	7,97	
	0,05	2,42	3,81	5,32	7,35	9,32	11,5	14,0	19,6	
	0,075	1,81	2,79	3,92	5,24	6,58	8,13	9,93	13,8	
∞	0,10	1,49	2,27	3,17	4,17	5,27	6,49	7,89	10,9	
	0,125	1,31	1,97	2,73	3,56	4,53	5,52	6,70	9,15	
	0,15	1,17	1,76	2,40	3,15	4,03	4,83	5,86	7,97	

Zahlentafel 7 (Fortsetzung). Auskühlkoeffizient t_0 für das Rohr 150/159 und $c \cdot R = 200$.

Auskühlzeit Std.	Wärmeleitzahl kcal/m h °C	Isolierstärke in mm								
		30	40	50	60	70	80	100	125	150
	0,05	1,80	1,95	1,98	2,00	2,00	2,00	2,00	2,00	2,00
	0,075	1,69	1,86	1,93	2,00	2,00	2,00	2,00	2,00	2,00
2	0,10	1,59	1,78	1,87	1,97	1,99	2,00	2,00	2,00	2,00
	0,125	1,51	1,70	1,82	1,94	1,97	2,00	2,00	2,00	2,00
	0,15	1,43	1,62	1,77	1,89	1,94	2,00	2,00	2,00	2,00
	0,05	2,96	3,38	3,64	3,82	3,97	3,98	4,00	4,00	4,00
	0,075	2,59	3,07	3,35	3,61	3,79	3,90	3,99	4,00	4,00
4	0,10	2,33	2,80	3,11	3,43	3,62	3,79	3,94	4,00	4,00
	0,125	2,16	2,56	2,92	3,25	3,46	3,67	3,87	4,00	4,00
	0,15	1,97	2,36	2,75	3,09	3,31	3,54	3,77	4,00	4,00
	0,05	4,10	5,07	5,88	6,58	7,04	7,43	7,88	7,96	8,00
	0,075	3,30	4,23	4,97	5,71	6,23	6,72	7,50	7,80	7,93
8	0,10	2,83	3,65	4,36	5,09	5,65	6,17	7,08	7,58	7,80
	0,125	2,50	3,21	3,94	4,63	5,18	5,72	6,64	7,31	7,64
	0,15	2,24	2,86	3,59	4,24	4,77	5,35	6,18	6,99	7,48
	0,05	4,54	5,92	7,17	8,30	9,13	9,94	11,0	11,6	11,9
	0,075	3,48	4,70	5,74	6,78	7,73	8,56	9,91	10,9	11,4
12	0,10	2,93	3,90	4,86	5,86	6,71	7,55	8,99	10,2	10,9
	0,125	2,56	3,36	4,27	5,20	6,00	6,86	8,33	9,56	10,5
	0,15	2,28	2,96	3,83	4,66	5,41	6,26	7,52	8,92	10,0
	0,05	4,72	6,34	7,95	9,36	10,6	11,8	13,5	14,7	15,5
	0,075	3,54	4,86	6,12	7,39	8,64	9,76	12,1	13,3	14,4
16	0,10	2,96	3,98	5,08	6,24	7,33	8,39	10,8	12,2	13,4
	0,125	2,57	3,41	4,41	5,45	6,40	7,45	9,55	11,2	12,6
	0,15	2,28	2,99	3,91	4,83	5,68	6,72	8,38	10,3	11,8
	0,05	4,81	6,64	8,67	10,5	12,4	14,2	17,1	19,9	21,6
	0,075	3,55	4,97	6,36	7,88	9,56	11,1	13,9	16,9	18,9
24	0,10	2,96	4,02	5,20	6,51	7,82	9,18	11,8	14,7	16,9
	0,125	2,57	3,42	4,46	5,59	6,69	7,95	10,3	13,1	15,4
	0,15	2,28	2,99	3,94	4,92	5,86	7,05	9,14	11,8	14,2
	0,05	4,83	6,72	8,97	11,1	13,5	16,0	20,4	24,8	28,5
	0,075	3,55	5,00	6,44	8,08	10,0	11,9	15,6	19,8	23,4
36	0,10	2,96	4,02	5,23	6,58	8,00	9,53	12,7	16,6	20,1
	0,125	2,57	3,42	4,47	5,62	6,80	8,14	10,9	14,4	17,7
	0,15	2,28	2,99	3,94	4,92	5,90	7,15	9,48	12,7	15,8
	0,05	4,83	6,73	9,04	11,3	13,9	16,7	22,1	28,1	33,0
	0,075	3,55	5,00	6,46	8,10	10,1	12,1	16,2	21,5	25,9
48	0,10	2,96	4,02	5,23	6,58	8,04	9,61	13,0	17,6	21,6
	0,125	2,57	3,42	4,47	5,62	6,80	8,17	11,0	14,9	18,7
	0,15	2,28	2,99	3,94	4,92	5,90	7,15	9,56	12,9	16,5
	0,05	4,83	6,73	9,04	11,3	14,1	17,2	24,0	33,3	43,9
	0,075	3,55	5,00	6,46	8,10	10,2	12,2	16,7	22,9	29,6
∞	0,10	2,96	4,02	5,23	6,58	8,04	9,61	13,1	17,9	23,3
	0,125	2,57	3,42	4,47	5,62	6,80	8,17	11,0	15,1	19,5
	0,15	2,28	2,99	3,94	4,92	5,90	7,15	9,56	13,0	16,9

Zahlentafel 7 (Fortsetzung). Auskühlkoeffizient t_0 für das Rohr 253/267 und $c \cdot R = 200$.

Auskühlzeit Std.	Wärmeleitzahl kcal/m h °C	Isolierstärke in mm								
		40	50	60	70	80	100	125	150	200
	0,05	1,96	1,99	2,00	2,00	2,00	2,00	2,00	2,00	2,00
	0,075	1,90	1,95	2,00	2,00	2,00	2,00	2,00	2,00	2,00
2	0,10	1,84	1,91	1,99	2,00	2,00	2,00	2,00	2,00	2,00
	0,125	1,79	1,88	1,96	1,99	2,00	2,00	2,00	2,00	2,00
	0,15	1,74	1,85	1,93	1,97	2,00	2,00	2,00	2,00	2,00
	0,05	3,60	3,80	3,92	3,98	4,00	4,00	4,00	4,00	4,00
	0,075	3,31	3,55	3,76	3,90	3,95	3,99	4,00	4,00	4,00
4	0,10	3,08	3,35	3,61	3,79	3,87	3,96	4,00	4,00	4,00
	0,125	2,89	3,19	3,47	3,66	3,77	3,93	4,00	4,00	4,00
	0,15	2,73	3,05	3,33	3,51	3,66	3,90	4,00	4,00	4,00
	0,05	5,82	6,38	6,99	7,29	7,64	7,97	8,00	8,00	8,00
	0,075	5,13	5,77	6,33	6,84	7,21	7,80	7,96	7,99	8,00
8	0,10	4,39	5,06	5,65	6,27	6,66	7,45	7,82	7,93	8,00
	0,125	3,94	4.61	5,23	5,79	6,24	7,09	7,62	7,82	8,00
	0,10	3,60	4,28	4,92	5,40	5,89	6,71	7,33	7,72	8,00
	0,05	7,12	8,12	9,19	9,74	10,5	11,3	11,7	11,9	12,0
	0,075	5,77	6,82	7,82	8,57	9,40	10,4	11,2	11,7	12,0
12	0,10	4,94	5,94	6,87	7,71	8,51	9,58	10,7	11,3	11,9
	0,125	4,34	5,28	6,18	6,99	7,78	8,96	10,2	10,9	11,8
	0,15	3,86	4,75	5,64	6,39	7,14	8,42	9,66	10,5	11,6
	0,05	7,95	9,36	10,7	11,7	12,8	14,1	15,1	15,7	15,8
	0,075	6,17	7,59	8,74	9,91	10,9	12,6	14,1	14,8	15,6
16	0,10	5,18	6,39	7,49	8,70	9,61	11,4	13,1	14,0	15,3
	0,125	4,49	5,60	6,65	7,83	8,66	10,4	12,2	13,3	15,0
	0,15	3,96	4,96	6,01	7,10	7,90	9,62	11,3	12,7	14,6
	0,05	8,77	10,7	12,7	14,3	16,0	18,6	20,7	22,2	23,5
	0,075	6,47	8,20	9,80	11,5	13,0	15,7	18,3	20,2	22,6
24	0,10	5,32	6,73	8,10	9,65	11,0	13,6	16,4	18,5	21,5
	0,125	4,57	5,75	7,01	8,38	9,70	12,1	14,9	17,0	20,2
	0,15	4,00	5,07	6,26	7,35	8,61	10,9	13,5	15,7	18,9
	0,05	9,13	11,6	14,1	16,5	18,9	22,9	27,0	30,1	33,9
	0,075	6,59	8,55	10,4	12,4	14,4	18,2	22,5	25,6	30,9
36	0,10	5,35	6,86	8,36	10,1	11,8	15,2	19,3	22,4	28,3
	0,125	4,57	5,83	7.16	8,57	10,1	13,2	17,0	20,1	25,9
	0,15	4,00	5,09	6,33	7,48	8,90	11,7	15,0	18,1	23,8
	0,05	9,23	11,8	14,7	17,4	20,3	25,5	30,9	35,7	42,0
	0,075	6,60	8,60	10,5	12,7	14,8	19,5	24,6	29,0	36,8
48	0,10	5,35	6,86	8,43	10,2	12,0	15,9	20,7	24,8	32,7
	0,125	4,57	5,83	7,21	8,60	10,2	13,6	17,8	21,6	29,4
	0,15	4,00	5,09	6,33	7,51	8,97	11,9	15,5	19,2	26,5
	0,05	9,23	11,9	15,0	18,2	21,8	29,7	40,6	51,9	81,8
	0,075	6,60	8,65	10.6	12,9	15,2	20,8	28,3	35,9	55,6
∞	0,10	5,35	6,86	8,43	10,2	12,1	16,3	22,1	28,1	43,4
	0,125	4,57	5,83	7,21	8,60	10,2	13,7	18.5	23,4	35,8
	0,15	4,00	5,09	6,33	7,51	8,97	11,9	15,9	20,2	30,6

Zahlentafel 7 (Fortsetzung). Auskühlkoeffizient t_0 für das Rohr 402/420 und $c \cdot R = 200$.

Auskühlzeit Std.	Wärmeleitzahl kcal/m h °C	Isolierstärke in mm								
		40	50	60	70	80	100	125	150	200
	0,05	1,94	2,00	2,00	2,00	2,00	2,00	2,00	2,00	2,00
	0,075	1,91	1,97	2,00	2,00	2,00	2,00	2,00	2,00	2,00
2	0,10	1,87	1,94	2,00	2,00	2,00	2.00	2.00	2.00	2,00
	0,125	1,82	1,92	1,98	1,99	2,00	2,00	2,00	2,00	2,00
	0,15	1,78	1,89	1,96	1,98	2,00	2,00	2.00	2,00	2,00
	0,05	3,64	3,89	4,00	4,00	4.00	4.00	4,00	4.00	4,00
	0,075	3,44	3,69	3,85	3,93	3,96	3,99	4,00	4.00	4.00
4	0.10	3,25	3.51	3,70	3,84	3,90	3,98	4,00	4,00	4,00
	0,125	3.08	3,35	3,56	3.73	3.82	3,97	4,00	4,00	4.00
	0,15	2.91	3,20	3,43	3.61	3,72	3,96	4,00	4,00	4,00
	0,05	6.14	6,81	7,22	7.54	7.70	7,94	8.00	8.00	8,00
	0,075	5.43	6,03	6,59	7.03	7,26	7,61	7.91	8,00	8,00
8	0,10	4,89	5,49	6,10	6,59	6,88	7,34	7,77	8,00	8,00
	0,125	4,46	5,08	5,69	6,19	6.53	7,10	7.63	7,93	8.00
	0,15	4,09	4,74	5,35	5.82	6,22	6,90	7,49	7,85	8,00
	0.05	7,72	8,91	9,70	10,3	10,7	11,5	12,0	12,0	12,0
	0,075	6,54	7.62	8,50	9,16	9,73	10,7	11,6	12,0	12.0
12	0,10	5,69	6.67	7,64	8.35	8,97	10,0	11,1	11,8	12,0
	0,125	5,08	6,03	7,00	7,66	8,30	9,45	10,6	11,5	12,0
	0,15	4,56	5,49	6,47	7,09	7,74	8,94	10,1	10,7	12,0
	0,05	8,89	10.5	11.7	12.6	13,3	14,6	15.5	15,9	16.0
	0,075	7.15	8.60	9.76	10.9	11.7	13,1	14,6	15,5	16,0
16	0,10	6.09	7,35	8.54	9.61	10.5	12,0	13.7	14,9	15,8
	0,125	5.33	6.50	7.64	8.68	9,60	11,1	12.9	14,2	15,5
	0,15	4,76	5,83	6,94	7,88	8,79	10,4	12,1	13,4	15,1
	0,05	10.1	12,4	14.4	15.9	17.2	19,7	21.7	22,6	23,7
	0,075	7.73	9,64	11.4	12.9	14,3	16,7	19,5	21,3	23,1
24	0,10	6.42	7,97	9,54	11,0	12,4	14,7	17,7	19,8	22,3
	0,125	5.53	6,89	8,35	9.67	11,0	13.3	16,1	18,2	21,3
	0,15	4,87	6,10	7,42	8,62	9,88	12,2	14,9	16,8	20,3
	0,05	10.8	13.8	16,5	18.9	21,0	25,0	28,6	31,0	34,5
	0,075	7.94	10,1	12,3	14,6	16,6	20,2	24,3	27,5	32,0
36	0,10	6,51	8,23	10,0	11,9	13,7	17,1	21,3	24,6	29,8
	0,125	5,60	7.04	8,60	10,2	11,8	14,9	18,9	22,1	27,6
	0,15	4,89	6,18	7,61	8,95	10,4	13,3	17,0	20,0	25,6
	0,05	11,1	14,3	17,5	20,5	23,2	28,6	34,1	37,6	42,5
	0,075	8,02	10.3	12,7	15.2	17,5	22,1	27,6	21,9	38,5
48	0.10	6.51	8,29	10,2	12.2	14,2	18,2	23,4	27,9	35,1
	0,125	5.60	7,04	8,70	10,3	12,1	15,6	20,3	24,5	31,9
	0,15	4,89	6,18	7,63	9,03	10,6	13,7	18,0	21,7	29,1
	0.05	11,2	14.6	18,4	22,2	26,3	35,5	48,5	61,8	95,6
	0,075	8,03	10,4	12.9	15,6	18,3	24.6	33,4	43,2	65,3
∞	0,10	6.51	8.29	10.2	12,3	14,4	19,2	26,0	33,2	50,6
	0,125	5.60	7.04	8,70	10,3	12,2	16.1	21,8	27,5	41,7
	0.15	4.89	6,18	7,63	9,03	10,6	13,9	18,8	23,5	35,5

Hilfstabelle A.

Korrekturfaktor f des Windeinflusses bei normalem Wind (5 m/sec). Gültig für alle Rohrdurchmesser unterhalb 150/159 und für alle $c \cdot R$ und alle Temperaturen.

Auskühlzeit Std.	Wärmeleitzahl kcal/m h °C	Isolierstärke in mm							
		20	30	40	50	60	70	80	100
2	0,05	0,90	0,93	0,96	0,97	0,98	0,99	1,00	1,00
	0,10	0,78	0,85	0,89	0,91	0,94	0,96	0,97	0,99
	0,15	0,69	0,75	0,80	0,84	0,87	0,89	0,91	0,95
4	0,05	0,84	0,89	0,93	0,95	0,97	0,97	0,97	0,98
	0,10	0,74	0,80	0,84	0,86	0,89	0,91	0,92	0,93
	0,15	0,65	0,70	0,74	0,77	0,79	0,82	0,84	0,88
8	0,05	0,81	0,86	0,90	0,92	0,94	0,96	0,96	0,97
	0,10	0,72	0,78	0,81	0,82	0,84	0,86	0,87	0,92
	0,15	0,65	0,69	0,71	0,73	0,75	0,76	0,77	0,81
12	0,05	0,80	0,85	0,89	0,90	0,92	0,94	0,95	0,96
	0,10	0,72	0,78	0,80	0,81	0,83	0,85	0,86	0,89
	0,15	0,65	0,69	0,71	0,73	0,74	0,75	0,76	0,78
16	0,05	0,80	0,85	0,88	0,89	0,91	0,93	0,94	0,95
	0,10	0,72	0,78	0,80	0,81	0,82	0,84	0,86	0,88
	0,15	0,65	0,69	0,71	0,73	0,74	0,74	0,75	0,77
24	0,05	0,80	0,85	0,88	0,89	0,90	0,92	0,93	0,94
	0,10	0,72	0,78	0,80	0,81	0,82	0,84	0,85	0,87
	0,15	0,65	0,69	0,71	0,73	0,74	0,74	0,75	0,76
36	0,05	0,80	0,85	0,88	0,89	0,90	0,92	0,92	0,93
	0,10	0,72	0,78	0,80	0,81	0,82	0,84	0,85	0,86
	0,15	0,65	0,69	0,71	0,73	0,74	0,74	0,75	0,76
48	0,05	0,80	0,85	0,88	0,89	0,90	0,92	0,92	0,93
	0,10	0,72	0,78	0,80	0,81	0,82	0,84	0,85	0,86
	0,15	0,65	0,69	0,71	0,73	0,74	0,74	0,75	0,76
∞	0,05	0,80	0,85	0,88	0,89	0,90	0,92	0,92	0,93
	0,10	0,72	0,78	0,80	0,81	0,82	0,84	0,85	0,86
	0,15	0,65	0,69	0,71	0,73	0,74	0,74	0,75	0,76

Bei Warmwasserleitungen wird der Koeffizient erheblich größer sein, da gerade der Wasserkern auf die Größe der Speicherwärme ausschlaggebend, der stationäre Wärmeverlust aber nicht wesentlich verändert ist. Weil jedoch Warmwasserleitungen wegen ihres selteneren Auftretens in der periodischen Betriebsweise von untergeordneter Bedeutung sind, ist dafür der Koeffizient nicht besonders berechnet. Diese Fälle der Auskühlung können ja nach dem vereinfachten Verfahren berechnet werden.

In der Zahlentafel 7 sind die Grenzen der einzelnen Faktoren so weit genommen, daß für jeden nur denkbaren Fall der Koeffizient ermittelt werden kann. Faktisch ist wohl ein Zusammentreffen von beispielsweise $\lambda = 0{,}05$ und $c \cdot R = 200$ gemäß den physikalischen Eigenschaften der Isoliermittel normal nicht möglich bei den in Betracht kommenden Materialien. Diese Extremwerte sind deshalb nur zur Möglichkeit der Interpolation angeführt. Die Auskühlzeiten sind von 2 bis ∞ st gewählt und die Zwischenzeiten so angesetzt, daß die üblichen Tagesperioden, wie auch die Auskühlungen der

Hilfstabelle A (Fortsetzung).

Korrekturfaktor f des Windeinflusses bei normalem Wind (5 m/sec).

Gültig für alle Rohrdurchmesser oberhalb 150/159 und für alle $c \cdot R$ und alle Temperaturen.

Auskühlzeit Std.	Wärmeleitzahl kcal/m h °C	Isolierstärke in mm								
		40	50	60	70	80	100	125	150	200
2	0,05	0,98	1,00	1,00	1,00	1,00	1,00	1,00	1,00	1,00
	0,10	0,96	0,96	0,97	0,98	0,99	0,99	1,00	1,00	1,00
	0,15	0.91	0,93	0,94	0,96	0,97	0,98	0,99	1,00	1,00
4	0,05	0,97	0,98	0,98	0,99	0,99	1,00	1,00	1.00	1,00
	0,10	0,91	0,93	0,94	0,96	0,98	0,98	0,99	1,00	1,00
	0,15	0,85	0,88	0,90	0,92	0,94	0,95	0,96	0,98	1,00
8	0,05	0,94	0,96	0,97	0,98	0,98	0,98	0,99	1,00	1,00
	0,10	0,86	0,89	0,90	0,92	0,94	0,94	0,96	0,98	1,00
	0,15	0,81	0,82	0,85	0,87	0,89	0,91	0,92	0,94	0,98
12	0,05	0,92	0,95	0,95	0,96	0,97	0,97	0,99	0,99	0,99
	0,10	0,84	0,86	0,88	0,90	0,91	0,93	0,95	0,96	0,98
	0,15	0,79	0,80	0,82	0,85	0,86	0,88	0,91	0,93	0,96
16	0,05	0,90	0,93	0,95	0,96	0,96	0,97	0,98	0,99	0,99
	0,10	0,83	0 85	0,87	0,88	0,89	0,92	0,94	0,95	0,98
	0,15	0.78	0,79	0,81	0,83	0,84	0,87	0,89	0,91	0,94
24	0,05	0,89	0,91	0,93	0,94	0,95	0,96	0,97	0,98	0,98
	0,10	0,82	0,84	0,85	0,87	0,88	0.90	0,92	0,94	0,96
	0,15	0,78	0,79	0,80	0,82	0,83	0,85	0,87	0,89	0,92
36	0,05	0,89	0,90	0,92	0,93	0,94	0,94	0,96	0,98	0,98
	0,10	0,82	0,84	0,85	0.86	0,87	0,89	0,91	0,93	0,95
	0,15	0,78	0,79	0,80	0,82	0,83	0,84	0,85	0,88	0,91
48	0,05	0,89	0,90	0,91	0,93	0,93	0,93	0,95	0,97	0,97
	0,10	0,82	0,84	0,85	0,86	0,87	0,88	0,89	0,92	0,94
	0,15	0,78	0,79	0,80	0,82	0,83	0,84	0,85	0,88	0,90
∞	0,05	0,89	0,90	0,91	0,93	0,93	0,93	0,94	0,96	0,96
	0.10	0,82	0,84	0,85	0,86	0,87	0,88	0,89	0,91	0,92
	0,15	0,78	0,79	0,80	0,82	0,83	0,84	0,85	0,87	0,89

wöchentlichen Stillegungen ohne Interpolation abgelesen werden können. Der Koeffizient für eine unendliche Auskühlzeit ermöglicht eine einfache und schnelle Ermittlung der Gesamtspeicherwärme, weil seine Multiplikation mit dem Beharrungsverlust diese direkt ergibt. Interessiert die nach einer gewissen Auskühlzeit verbleibende Restspeicherwärme, so hat man nur die Differenz zwischen dem Koeffizienten für die Zeit $= \infty$ und der vorliegenden Auskühlzeit zu bilden und mit ihr den Beharrungsverlust zu multiplizieren.

Um den Koeffizienten für eine isolierte Freileitung zu bekommen, ist der Tabellenwert des t_0 noch mit einem Korrekturfaktor zu multiplizieren, da durch die gegenüber Innenräumen veränderten Übergangsbedingungen der austretenden Wärme der Beharrungsverlust erheblich höher sein kann und der Auskühlvorgang schneller verläuft. Diese Korrekturfaktoren sind in der Hilfstabelle A für eine Windstärke von 5 m/sec, dem etwaigen Jahresmittel, und in der Tabelle B für die Verhältnisse bei Sturm mit 25 m/sec Windgeschwindigkeit zusammengestellt. Sie sind gültig für alle Temperaturen

Hilfstabelle B.

Korrekturfaktor f des Windeinflusses bei Sturm (25 m/sec).

Gültig fur alle Rohrdurchmesser unterhalb 150/159 und für alle $c \cdot R$ und alle Temperaturen.

Auskühlzeit Std.	Wärmeleitzahl kcal/m h °C	Isolierstärke in mm							
		20	30	40	50	60	70	80	100
2	0,05	0,87	0,92	0,95	0,96	0,97	0,99	1,00	1,00
	0,10	0,71	0,81	0,85	0,88	0,92	0,95	0,95	0,99
	0,15	0,63	0,71	0,77	0,83	0,86	0,88	0,90	0,95
4	0,05	0,79	0,87	0,92	0,93	0,96	0,97	0,97	0,97
	0,10	0,66	0,74	0.80	0,83	0,86	0,89	0,94	0,94
	0,15	0,59	0,65	0,70	0,75	0,78	0,81	0,84	0,88
8	0,05	0,77	0,83	0,88	0,90	0,92	0,94	0,94	0,96
	0,10	0,65	0,72	0,76	0,78	0,81	0,83	0,85	0,89
	0,15	0,59	0.64	0,68	0,71	0,73	0,75	0,77	0,81
12	0,05	0,76	0,82	0,86	0,87	0,89	0,92	0,92	0,95
	0,10	0,65	0,72	0,75	0,77	0,80	0,81	0,83	0,86
	0,15	0,59	0,64	0,68	0,70	0,72	0,74	0,75	0,79
16	0,05	0,76	0,82	0,85	0,87	0,89	0,91	0,91	0,93
	0,10	0,65	0,72	0,75	0,77	0,79	0,80	0,83	0,85
	0,15	0,59	0,64	0,68	0,70	0,72	0,74	0,75	0,78
24	0,05	0,76	0,82	0.85	0,86	0,88	0.90	0,90	0,92
	0,10	0,65	0,72	0,75	0,77	0,79	0.80	0,82	0,84
	0,15	0,59	0,64	0,68	0,70	0,72	0,74	0,75	0,77
36	0,05	0,76	0,82	0,85	0,86	0,88	0,90	0,90	0,91
	0,10	0,65	0,72	0,75	0,77	0,79	0,80	0,82	0,83
	0,15	0,59	0,64	0,68	0,70	0,72	0,74	0,75	0,77
48	0,05	0,76	0,82	0,85	0,86	0,88	0,89	0,90	0,91
	0,10	0,65	0,72	0,75	0,77	0,79	0,80	0,82	0,83
	0,15	0,59	0,64	0,68	0,70	0,72	0,74	0,75	0,77
∞	0,05	0,76	0,82	0,85	0,86	0,88	0,89	0,90	0,91
	0,10	0,65	0,72	0,75	0,77	0,79	0,80	0,82	0,83
	0,15	0,59	0,64	0,68	0,70	0,72	0,74	0,75	0,77

und alle $c \cdot R$. Der Einfluß des Rohrdurchmessers auf den Korrekturfaktor ließ sich so weit zusammenziehen, daß nur zwei Gruppen, alle Durchmesser unter 150/159 mm und alle darüber, nötig waren. Die Genauigkeit der Korrekturfaktoren kann zu etwa 5% angegeben werden, was im Hinblick auf die Ungewißheit der Rechenunterlagen für den praktischen Fall durch Windrichtung, Windschatten von Gebäuden usw. genügen dürfte.

g) Der Einfluß der einzelnen Faktoren auf den Koeffizienten.

Zur Möglichkeit einer genauen Interpolation möge auf den Einfluß der einzelnen Faktoren näher eingegangen werden. In Abb. 19 ist für einen normalen Fall der Auskühlkoeffizient in Abhängigkeit von der Wärmekapazität dargestellt. Eine Steigerung von $c \cdot R$ um das 5fache hat eine Vergrößerung des Koeffizienten um das 1- bis 3fache zur Folge. Sie ist um so stärker, je größer die Auskühlzeit ist. Ein gleichzeitiges Ansteigen von λ bewirkt eine, wenn auch kleine Steigerung von t_0. Wächst mit $c \cdot R$ auch die Isolier-

Hilfstabelle B (Fortsetzung).
Korrekturfaktor f des Windeinflusses bei Sturm (25 m/sec).
Gültig für alle Rohrdurchmesser oberhalb 150/159 und fur alle $c \cdot R$ und alle Temperaturen.

Auskühlzeit Std.	Wärmeleitzahl kcal/m h °C	Isolierstärke in mm								
		40	50	60	70	80	100	125	150	200
2	0,05	0,97	0,98	0,99	1,00	1,00	1,00	1,00	1,00	1,00
	0,10	0,93	0,94	0,96	0,97	0,98	0,99	1,00	1,00	1,00
	0,15	0,88	0,90	0,93	0,94	0,96	0,98	0,99	1,00	1,00
4	0,05	0,95	0,96	0,97	0,98	0,99	0,99	1,00	1,00	1,00
	0,10	0,87	0,90	0,92	0,93	0,95	0,96	0,98	0,99	1,00
	0,15	0,79	0,84	0,87	0,89	0,91	0,93	0,95	0,99	1,00
8	0,05	0,92	0,95	0,96	0,96	0,96	0,97	0,98	1,00	1,00
	0,10	0,81	0,85	0,87	0,89	0,91	0,93	0,95	0,97	0,99
	0,15	0,73	0,76	0,80	0,83	0,85	0,89	0,91	0,94	0,96
12	0,05	0,90	0,93	0,94	0,95	0,95	0,96	0,98	0,99	1,00
	0,10	0,79	0,82	0,85	0,86	0,88	0,92	0,93	0,95	0,97
	0,15	0,71	0,74	0,77	0,80	0,82	0,85	0,88	0,91	0,94
16	0,05	0,87	0,92	0,93	0,94	0,94	0,96	0,98	0,98	0,99
	0,10	0,78	0,81	0,83	0,84	0,86	0,90	0,92	0,93	0,96
	0,15	0,70	0,73	0,76	0,78	0,79	0,83	0,86	0,89	0,92
24	0,05	0,87	0,89	0,91	0,93	0,93	0,94	0,97	0,98	0,98
	0,10	0,77	0,80	0,82	0,83	0,84	0,88	0,89	0,91	0,94
	0,15	0,70	0,73	0,75	0,77	0,79	0,81	0,84	0,86	0,90
36	0,05	0,86	0,88	0,90	0,91	0,92	0,93	0,95	0,97	0,98
	0,10	0,77	0,79	0,81	0,82	0,84	0,86	0,88	0,90	0,93
	0,15	0,70	0,73	0,75	0,77	0,78	0,80	0,82	0,85	0,88
48	0,05	0,86	0,88	0,90	0,90	0,91	0,92	0,94	0,96	0,97
	0,10	0,77	0,79	0,81	0,82	0,83	0,85	0,87	0,89	0,92
	0,15	0,70	0,73	0,75	0,77	0,78	0,80	0,82	0,84	0,87
∞	0,05	0,86	0,88	0,90	0,90	0,91	0,92	0,92	0,93	0,94
	0,10	0,77	0,79	0,81	0,82	0,83	0,85	0,86	0,88	0,90
	0,15	0,70	0,73	0,75	0,77	0,78	0,80	0,82	0,84	0,86

stärke, so fällt t_0 bei kleinen und steigt bei großen Auskühlzeiten. Abb. 20 stellt den Koeffizienten in Abhängigkeit von der Wärmeleitzahl dar. Mit steigender, also schlechter werdender Leitzahl wächst der Beharrungsverlust, und damit wird der Auskühlkoeffizient kleiner. Die Vergrößerung des λ-Wertes um das 3fache läßt im allgemeinen t_0 bis auf stark die Hälfte sinken, in um so größerem Maße, je größer die Auskühlzeit und je kleiner Wärmekapazität und Isolierstärke sind. Der Einfluß des Rohrdurchmessers auf den Auskühlkoeffizienten geht dahin, daß mit steigendem Durchmesser auch der Koeffizient wächst. Diese Steigerung findet aber nicht gleichmäßig, sondern zum Teil sprunghaft statt, was damit zu erklären ist, daß die Wandstärke der Eisenrohre in keiner Beziehung zum Durchmesser steht, sondern ungleichmäßig zunimmt. In Abb. 21 ist dies anschaulich dargestellt. Die Abbildung stellt einen an sich recht ungünstigen Fall dar, da $c \cdot R$ nur 40 kcal/m³, ° C, $t_a = \infty$, und $\lambda = 0,05$ ist. Mit steigendem $c \cdot R$ und δ wird das Verhältnis zwischen Speicherwärme im Eisenrohr und der Isolierung günstiger, so daß das sprunghafte Ansteigen der Wandstärke nicht so kraß im Koeffizienten zum Ausdruck kommt. Mit steigendem Rohrdurchmesser und gleichbleibender Wandstärke wächst t_0 gleichmäßig. Das ruckartige Ansteigen der Wandstärke jedoch läßt auch t_0 sprunghaft wachsen. Die Rohrdurchmesser, für die der Koeffizient in der Zahlentafel 7 angeführt ist, wurden nun so gewählt, daß man für einen beliebigen Durchmesser durch geradlinige Interpolation zwischen den nächst vorhandenen dem tatsächlichen Wert t_0 möglichst nahekommt.

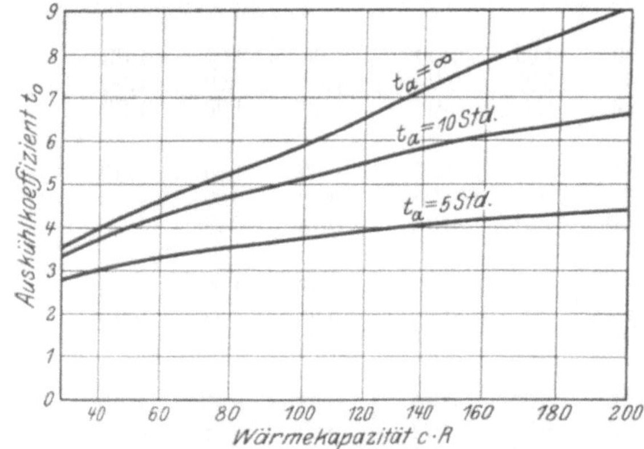

Abb. 19. Auskühlkoeffizient t_0 in Abhängigkeit von der Wärmekapazität $c \cdot R$ des Isoliermittels.

Rohrdurchmesser = 131/140 mm; δ = 70 mm; λ = 0,08 kcal/m, h, °C; Lage = Innenraum; Warmetrager = Dampf.

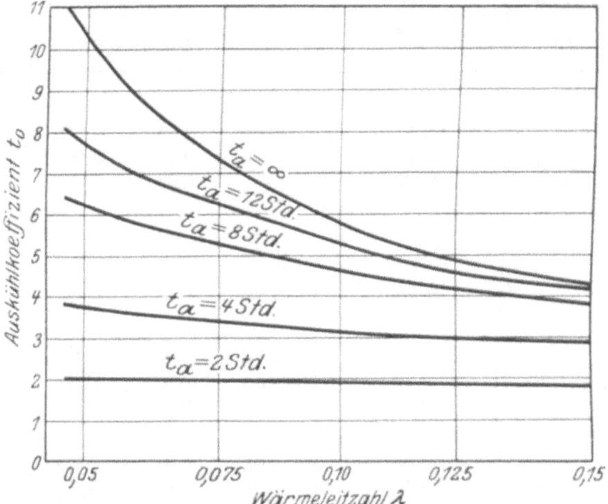

Abb. 20. Auskühlkoeffizient t_0 in Abhängigkeit von der Wärmeleitzahl des Isoliermittels.

Rohrdurchmesser = 150/159 mm; δ = 80 mm; $c \cdot R$ = 90 kcal/m³, °C; Lage = Innenraum; Warmetrager = Dampf.

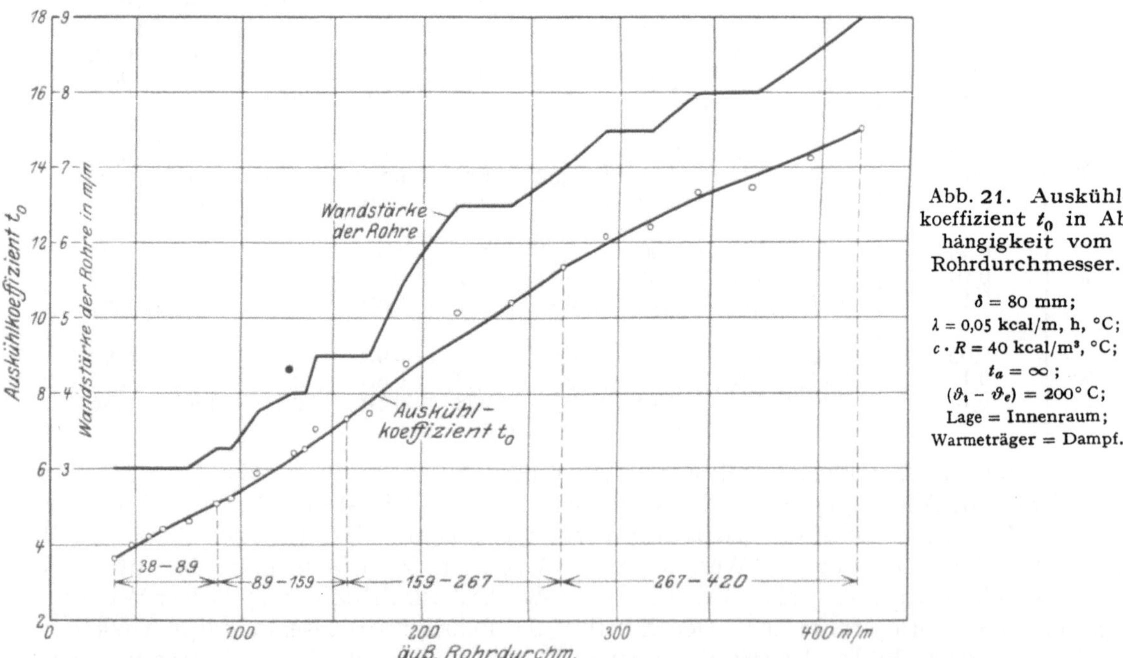

Abb. 21. Auskühlkoeffizient t_0 in Abhängigkeit vom Rohrdurchmesser.

δ = 80 mm;
λ = 0,05 kcal/m, h, °C;
$c \cdot R$ = 40 kcal/m³, °C;
$t_a = \infty$;
$(\vartheta_i - \vartheta_e)$ = 200° C;
Lage = Innenraum;
Warmeträger = Dampf.

Die Beziehungen der einzelnen Faktoren zu dem Koeffizienten der Auskühlung sind also ziemlich verwickelt, jedoch läßt sich im allgemeinen sagen, daß sich die Veränderungen der bestimmenden Größen nur zum Teil auf die Größe des Koeffizienten auswirken und daß vor allem die beiden Hauptfaktoren, λ und $c \cdot R$, sich in ihrem Einfluß in entgegengesetzter Richtung bewegen. Dadurch ist es möglich, ohne eine allzu große Dichte der Kopfgrößen in der Zahlentafel den Koeffizienten so weit anzugeben, daß eine gute Interpolation möglich ist, die nach den Abb. 19 bis 21 geradlinig durchgeführt werden kann. Die Werte des Auskühlkoeffizienten wurden für alle angegebenen Rohrdurchmesser und Wärmekapazitäten berechnet für $\lambda = 0{,}05$; $0{,}10$ und $0{,}15$. Liegt der Koeffizient zwischen 1 und 10, so wurde er auf die zweite Dezimalstelle, jeder Wert über 10 auf die erste Dezimalstelle abgerundet, derart, daß die zuletzt angegebene Stelle erhöht wurde, falls die folgende $\geqq 5$ war. Diese Werte wurden dann zu Kurven aufgetragen und die Zwischenwerte für $\lambda = 0{,}075$ und $0{,}125$ daraus abgelesen. Dadurch kann es möglich sein, daß die Werte die durch die Dezimalstellen angegebene Genauigkeit nicht immer erreichen. Die Abweichungen sind jedoch nur minimal und um so weniger bedeutungsvoll, als wegen der sprunghaften Steigerung der Rohrwandstärken ohnehin mit gewissen Abgleichungen bei der Interpolation gerechnet werden muß. Mit der Genauigkeit der Werte an sich und den möglichen Interpolationsfehlern kann mit einer Genauigkeit der abgelesenen Werte von etwa 5% für Leitungen im Innenraum gerechnet werden.

Es kommt der Praxis ja auch gar nicht darauf an, die Auskühlung eines isolierten Systems theoretisch möglichst genau zu berechnen, weil dies doch meist ein Trugschluß wäre, da bei den Willkürlichkeiten des praktischen Betriebes eine entsprechende Erfassung der Grundwerte der Rechnung nicht möglich ist. Viel wichtiger ist für sie, einfach und schnell die Resultate zu erhalten, die für ihre Entscheidungen notwendig sind. Diesen Wunsch erfüllt der Auskühlkoeffizient wohl in vollkommenster Weise. Man liest ihn für die vorliegenden Verhältnisse aus der Zahlentafel ab, multipliziert ihn mit dem Beharrungsverlust, um damit sofort die ausgekühlte Wärmemenge zu erhalten.

Folgende Beispiele mögen zeigen, wie einfach die Berechnung des Auskühlverlustes mit Hilfe des Auskühlkoeffizienten wird. Sie sollen weiterhin einen Überblick über die sonstige Anwendungsmöglichkeit des Koeffizienten geben.

		Beispiel 1	Beispiel 2	Beispiel 3		Beispiel 4	
Aufgabe	Bezeichnung	Auskühlverlust einer Sattdampfleitung	Auskühlverlust einer Heißdampfleitung	Vergleich der Gesamtspeicherwärme einer Heißdampfleitung bei einer hochwertigen und einer schlechten Isolierung		Vergleich des Auskühlverlustes und der Restspeicherwärme nach 10 Stunden bei gleicher Wärmeleitzahl aber verschiedenem Raumgewicht der Isolierung	
Technische Daten	Rohrdurchmesser mm	228/241	82/89	303/318		180/191	
	Temperatur des Wärmeträgers °C	200	100	310		325	
	Lufttemperatur °C	20	20	10		25	
	Art der Isolierung	Wärmeschutzmasse	Korkschalen	Magnesiaschalen	Wärmeschutzmasse	Kieselgurmasse	Vollkornmasse
	Wärmeleitzahl kcal/m h °C	0,07	0,06	0,055	0,15	0,075	0,075
	Raumgewicht kg/m³	450	350	200	850	450	700
	Spez. Wärme kcal/kg °C	0,22	0,34	0,24	0,22	0,21	0,21
	Isolierstärke mm	70	40	100	100	80	80
	Auskühlzeit st	12	8	∞	∞	10	10
	Lage der Leitung	Innenraum	Innenraum	Im Freien, 5 m/sec Wind		Innenraum	
Berechnung	Betriebswärmeverlust q_{st} kcal/m h (aus einem der bekannt. Tabellenwerke)	154	39,8	208	546	210	210
	Aus Zahlentafel 7 interpol. Auskühlkoeffizient t_0	7,03	3,22	15,5	11,8	$(t_0)_\infty = 8{,}70$ $(t_0)_{10\,\text{Std}} = 6{,}50$	11,00 7,25
	Windfaktor f aus Hilfstabelle A	—	—	0,93	0,84	—	—
Resultat	Auskühlverlust $Q_0^{t_a} = q_{st} \cdot t_0$ kcal/m	154 · 7,03 = 1083	39,8 · 3.22 = 128	—	—	210 · 6,5 = 1365	210 · 7 25 = 1522
	Gesamtspeicherwärme $W_{st} = q_{st} \cdot t_0 \cdot f$ kcal/m	—	—	208 · 15,5 · 0,93 = 3000	546 · 11,8 · 0,84 = 5420	—	—
	Restspeicherwärme $q_{st}((t_0)_\infty - (t_0)_{t_a\,\text{Std}})$ kcal/m	—	—	—	—	210 · (8,7-6,5) = 462	210 · (11,0-7,25) = 787

h) Der Wärmeverlust einer Betriebsperiode.

Der Wärmeverlust pro 1 m Rohrleitung beträgt nun für eine ganze Betriebsperiode

$$Q = q_{st} \cdot (t_b + t_0 - t_r) .$$

Als Betriebszeit t_b ist die Zeit, in welcher die Leitung unter Druck steht, einzuführen, also die eigentliche Betriebszeit plus der eventuellen Anheizzeit. Durch die Auskühlung vergrößert sich der Wärmeverlust der Periode um t_0 st Beharrungsverlust gegenüber dem reinen Betriebsverlust. Die Verminderung des Wärmeverlustes während der Anheizung der Leitung wird berücksichtigt nach späterer Ausführung durch Subtraktion der rechnungsmäßigen Anheizzeit t_r. Man hat also nur den stationären Wärmeverlust zu ermitteln und diesen mit dem Stundenwert des Klammerausdrucks der vorstehenden Gleichung zu multiplizieren, um den Verlust der ganzen Betriebsperiode zu erhalten. Für das vorstehende Beispiel 1 würde bei täglicher Unterbrechung der Verlust der Betriebsperiode sein

$$Q = 154(12 + 7{,}03 - 1{,}45) = 154 \cdot 17{,}58 = \mathbf{2707}\ \text{kcal/m}.$$

C. Bestimmung der Temperaturen nach der Auskühlung.

Die Gleichungen zur Bestimmung der Temperatur an irgendeiner Stelle des Systems nach einer gewissen Auskühlzeit sind im I. Teil des Buches abgeleitet. Hier möge an Hand eines Beispiels gezeigt werden, daß unter gewissen Umständen die Temperaturbestimmung mit großer Annäherung bedeutend einfacher möglich ist.

Beispiel. Eine Warmwasserleitung werde, etwa über Nacht, außer Betrieb gesetzt. Die Verbrauchsapparate werden abgeschaltet, so daß jede Strömung in der Leitung aufhört. Es soll berechnet werden, auf welche Temperatur das Wasser in dieser Betriebspause gesunken ist.

Rechnungsgrößen:

Beharrungswassertemperatur	. . .	= 100° C;
Lufttemperatur	. . . .	= 20° C;
Rohrdurchmesser	. . . .	= 100,5/108 mm;
Isolierstärke	. . . .	= 80 mm;
Wärmeleitzahl	der Isolierung	= 0,06 kcal/m, h, ° C;
Raumgewicht	der Isolierung . .	= 450 kg/m³;
Spez. Wärme	der Isolierung	= 0,20 kcal/kg, ° C;
Auskühlzeit	. . . .	= 10 Std.;
Lage der Leitung	. . . .	= Innenraum.

Rechnungsgang: Für die Temperaturbestimmung ist zuständig Gl. (20) des I. Teiles. Es beträgt $q_{st} = 30{,}64$ kcal/m, h; $W_{st} = 844{,}2$ kcal/m;

Nach Zahlentafel 1 ist $\alpha_a = 7{,}28$ und damit $\tau_a \delta = 9{,}71$;

Nach Zahlentafel 3 ist $\sigma \delta = 3{,}90 \cdot \frac{90}{100} \cdot 1 \cdot 0{,}08 = 0{,}281$;

Mit diesen Werten für $\tau_a \delta$ und $\sigma \delta$ und $\frac{r_a}{r_i} = 2{,}48$ ergibt sich aus Zahlentafel 4 ein $\psi = 0{,}929$.

Zur Bestimmung der Konstanten A und B erhält man für A:

$$A = \frac{\dfrac{q_{st}}{m \cdot \lambda \cdot 2\pi \cdot r_a} - \dfrac{q_{st}}{\alpha_a \cdot 2\pi \cdot r_a} \cdot \dfrac{Y_{1(mr_a)}}{Y_{0(mr_a)}}}{J_{1(mr_a)} - J_{0(mr_a)} \cdot \dfrac{Y_{1(mr_a)}}{Y_{0(mr_a)}}},$$

m bestimmt sich zu:

$$m = \sqrt{\frac{30{,}64 \cdot 450 \cdot 0{,}2}{0{,}929 \cdot 0{,}06 \cdot 844{,}2}} = 7{,}66,$$

also beträgt $mr_a = 1{,}026$;

$$A = \frac{\dfrac{30{,}64}{7{,}66 \cdot 0{,}06 \cdot 2\pi \cdot 0{,}134} - \dfrac{30{,}64}{7{,}28 \cdot 2\pi \cdot 0{,}134} \cdot \dfrac{-1{,}1408}{+0{,}2578}}{+0{,}4484 - 0{,}7537 \cdot \dfrac{-1{,}1408}{+0{,}2578}} = 28{,}98\,,$$

$$B = \frac{-6{,}9 - 28{,}98 \cdot 0{,}7537}{0{,}2578} = -57{,}95\,.$$

Die Temperatur ϑ_{fr} für das Rohr wird mit $mr_i = 0{,}4135$:

$$\vartheta_{fr} = 28{,}98 \cdot 0{,}9577 + (-57{,}95 \cdot -0{,}8038) = 74{,}3\,^\circ\mathrm{C}\,.$$

Da man unter ϑ schlechthin die Übertemperatur über Lufttemperatur versteht, hat also im Augenblick des Einsetzens der freien Strömung das Wasser (Wasser- und Rohrtemperatur mögen als absolut gleich angenommen werden) noch eine Temperatur von 94,3 ° C. Nach der 10stündigen Auskühlung beträgt somit die Wasserübertemperatur:

$$\vartheta_{10} = 74{,}3 \cdot e^{-\frac{30{,}64}{0{,}929 \cdot 844{,}2}(10-1{,}96)} = \mathbf{54{,}2^\circ\,C}\,.$$

In der Betriebspause ist also die Wassertemperatur gesunken bis auf 74,2°C.

Eine angenäherte, jedoch wesentlich vereinfachte Berechnung ist möglich an Hand der Rechnungstafel II.

Aus Tafel II ergibt sich für vorliegende Verhältnisse eine prozentuale Auskühlung von 32,2%. Aus der Temperatursenkung von 25,8° C errechnet sich ein Auskühlverlust

an Wasserwärme	von	198,6 kcal/m
an Eisenwärme	von	28,4 ,,
zusammen	von	227,0 kcal/m.

Die Isolierung hat demnach, da insgesamt 272 kcal/m ausgekühlt sind, 45 kcal/m verloren. Bezieht man den Auskühlverlust der einzelnen Teile auf ihren anfänglichen Wärmeinhalt und berechnet den prozentualen Verlust derselben, so ergibt sich ein prozentualer Verlust

des Wasserkerns von $\frac{198{,}6}{618} \cdot 100 = 32{,}1\%$

des Eisenrohres von $\frac{28{,}4}{87{,}2} \cdot 100 = 32{,}5\%$

der Isolierung von $\frac{45}{139} \cdot 100 = 32{,}3\%$.

Man sieht, daß die prozentuale Beteiligung der einzelnen Teile an dem Gesamtauskühlverlust fast gleich ist. Dies trifft um so mehr zu, je größer der Wärmeinhalt des Kerns im Vergleich zu dem der Isolierung ist. Daraus kann man, wenigstens für Warmwasserleitungen, den Schluß ziehen, daß es zur angenäherten Bestimmung der Temperatursenkung des Wassers genügt, die aus der Tafel II abgelesene prozentuale Auskühlung auf den Wärmeinhalt des Wasserkerns zu beziehen und daraus die Temperatursenkung des Wassers zu ermitteln. Im vorliegenden Falle war nach Tafel II $\frac{Q_0^{t_a}}{W_{st}} = 0{,}322$; $W_k = 618$ kcal/m. Aus dem Wasserkern kühlen aus $618 \cdot 0{,}322 = 199$ kcal/m; dadurch sinkt die Temperatur um $\frac{199}{0{,}00793 \cdot 980} = 25{,}6^\circ$ C; die Endtemperatur des Wassers beträgt demnach 74,4 °C gegenbüer 74,2 °C nach der exakten Rechnung. Für alle Fälle, wo diese angenäherte, doch fast genaue Temperaturbestimmung genügt, kann man nach dieser vereinfachten Methode die unangenehme Bestimmung der Konstanten A und B und der Temperatur ϑ_{fr} umgehen.

D. Die Anheizung von Wänden und Rohrleitungen.

Der zweite, nicht stationäre Vorgang periodisch betriebener Anlagen, die Anheizung, läßt sich gleichfalls theoretisch berechnen nach den von Krischer aufgestellten Anheizformeln. Dies ist jedoch nur möglich, wenn das anzuheizende System in sich geschlossen und die Heizleistung konstant und bekannt ist. Dieser Fall liegt z. B. stets vor bei der Anheizung eines Hauses, das mit Zentralheizung und eigenem Heizungskessel versehen ist. Hier verläuft der Anheizvorgang in sich geschlossen, der Kessel ist auf zeitlich konstante Wärmeerzeugung leicht einstellbar, wodurch auch die Heizleistung stets ermittelbar ist.

Wesentlich anders liegen die Verhältnisse bei der Anheizung isolierter Rohrleitungen. Werden diese nach der Auskühlung wieder in Betrieb genommen, so wird durch starken Wärmeentzug aus dem Wärmeträger das Temperaturfeld des Beharrungszustandes in dem Eisenrohr und der Isolierung angestrebt. Es wird also

1. Wärme im System aufgespeichert,

2. Wärme nach außen abgegeben, von Null ansteigend bis zum Beharrungsverlust, in dem Maße, wie die Isolieroberflächentemperatur ansteigt.

Die Speicherung interessiert uns hier nicht, da ihr Verlust bei der Auskühlung erfaßt wird. Dagegen wohl der Anheizwärmeverlust der Leitung nach außen an die umgebende Luft. Seine Berechnung nach der theoretischen Anheizformel ist wiederum nur möglich für ein in sich geschlossenes Leitungsnetz und nur mit der Kenntnis der Heizleistung, die zudem während der ganzen Anheizzeit konstant bleiben muß. Praktisch liegen die Verhältnisse bei Rohrleitungsanlagen aber stets so, daß man nicht mit einer konstanten Heizleistung rechnen kann. Dies trifft um so eher zu wegen der Beeinflussung der einzelnen Rohrstränge unter sich, wenn diese schon teils im Betrieb sind, teils erst angeheizt werden. Anderseits besteht normalerweise auch keine Möglichkeit, die Heizleistung zu bestimmen. Deshalb muß man für die Anheizung isolierter Rohrleitungen normale mittlere Betriebsverhältnisse zugrunde legen, die sich rechnerisch nicht erfassen lassen, sondern nur durch den Versuch bestimmt werden können. Derartige Anheizversuche hat Cammerer[2] durchgeführt. Auf Grund seiner Versuchsergebnisse stellt er rechnungsmäßige Anheizzeiten auf, die er durch Ersetzen des wirklichen Anstiegs des Anheizverlustes von Null bis zum Beharrungsbetrag durch einen solchen sprunghafter Art, der den gleichen Wärmeverlust darstellt, erhält. Man rechnet nun die Betriebszeit von dem Zeitpunkte an, in dem der Wärmeträger in die Leitung eintritt, hat aber den Beharrungsverlust nur für die um die rechnungsmäßige Anheizzeit t_r verringerte Betriebszeit anzusetzen. In nebenstehender Zahlentafel 8 sind diese rechnungsmäßigen Anheizzeiten t_r nach Cammerer wiedergegeben. Es sind Durchschnittswerte, die durch Interpolation aus den Versuchsergebnissen gewonnen sind.

Zahlentafel 8. Durchschnittswerte der rechnungsmäßigen Anheizzeit t_r.

Isolierstarke δ in m/m	Rechnungsmaßige Anheizzeit t_r in Std.
30	0,4
40	0,6
50	0,83
60	1,1
70	1,45
80	1,8
90	2,2
100	2,67
110	3,2
120	3,7

Als einzige Bestimmungsgröße tritt die Isolierstärke auf. Wenn auch die Versuche von Cammerer ergaben, daß t_r so gut wie unabhängig von dem Rohrdurchmesser ist, so fehlt doch noch vor allem die Berücksichtigung des Einflusses von λ und $c \cdot R$ auf den Anheizvorgang. Diese beiden Faktoren sind von ausschlaggebender Bedeutung auf die Größe des Auskühlverlustes. Da aber die Anheizformel ganz analog der Auskühlformel aufgebaut ist, muß auch ein Einfluß der genannten Faktoren auf die Anheizung bestehen, der allerdings geringer als bei der Auskühlung sein wird, allein schon deswegen, weil die Anheizung sich bedeutend schneller vollzieht. Schließlich hängt der Anheizverlust noch von dem Grade der vorhergehenden Auskühlung ab. Von den Durchschnittswerten der rechnungsmäßigen Anheizzeit ist also eine große Genauigkeit nicht zu erwarten. Trotzdem wird diese meistens genügen, da sich der Fehler bei der Bewertung des Anheizverlustes auf die Berechnung des Gesamtverlustes einer Betriebsperiode nur zum geringen Teil auswirkt.

Z. B. für folgenden Fall: $d = 150/159$ mm; $\lambda = 0{,}075$; $c \cdot R = 90$; $\delta = 80$; $t_b = 12$ st; $t_a = 12$ st; beträgt $t_r = 1{,}8$ st.

Der Koeffizient der Auskühlung beträgt $t_0 = 6{,}2$; damit beträgt der Verlust der täglichen Periode: $Q = q_{st}\ (12 + 6{,}2 - 1{,}8) = q_{st} \cdot 16{,}4$; wäre nun die rechnungsmäßige Anheizzeit tatsächlich nur $t_r = 1{,}3$, also um knapp 30% kleiner, so würde der Gesamtwärmeverlust nur um 3% beeinflußt.

E. Die Wirtschaftlichkeitsberechnungen isolierter Rohrleitungen des periodischen Betriebes.

Der Hauptzweck der bisherigen Ausführungen war, durch möglichst einfache Erfassung der wärmetechnischen Grundlagen die Möglichkeit zu Wirtschaftlichkeitsberechnungen isolierter Rohrleitungen der periodischen Betriebsweise zu geben. Hier möge noch kurz* die richtige Bewertung der einzelnen Faktoren einer solchen Wirtschaftlichkeitsberechnung behandelt werden, um dann den Einfluß der unterbrochenen Betriebsweise auf die wirtschaftlichste Isolierung und ihre Gesamtkosten zu zeigen.

Bei der Durchführung von Wirtschaftlichkeitsberechnungen sind an Kostenarten zu unterscheiden die Kapitalkosten der Isolierung und die Betriebskosten der Wärmeverluste. Die Beziehung zwischen beiden ist, ganz allgemein gesehen, derart, daß eine gute und starke Isolierung zwar hohe Kapitalkosten bedingt, die Betriebsverluste und mithin ihre Kosten dabei aber gering werden. Bei einer Isolierungsart und -stärke, eben der wirtschaftlichsten, wird das günstigste Verhältnis zwischen beiden Kostenarten bestehen, d. h., die jährlichen Gesamtkosten werden am geringsten sein. Hat der Wärmeschutz noch besondere betriebstechnische Forderungen zu erfüllen, so ist nur unter den Isolierungen, die diesen Forderungen gerecht werden, nach dem Gesichtspunkt der größten Wirtschaftlichkeit die Entscheidung zu treffen.

Für die Bestimmung der wirtschaftlichsten Isolierung gibt die Literatur verschiedene Verfahren an, so das graphische von Gerbel[8] und die ausführlichen Zahlentafeln von Cammerer[2], die so aufgebaut sind, daß man mit der in diesem Buche gebrachten Erfassung des periodischen Betriebsverlustes ohne weiteres in sie eingehen kann.

Die Isolierung kann bei bestehenden Rohrleitungsanlagen stets, bei der Projektierung von Neuanlagen fast immer für sich als Teilanlage betrachtet werden. Denn die Rohrleitungsverluste sind, auf die Gesamtdampferzeugung bezogen, im allgemeinen nicht allzu groß. Bei Vollast betragen sie im Durchschnitt in Kraftwerken etwa 2%, in Hüttenwerken bis 5% und in der chemischen Industrie etwa 6 bis 8%. Diese Prozentsätze sind nun zu gering, als daß eine Rückwirkung von der Art des Wärmeschutzes der Leitungen, solange er sich in den normalen Grenzen bewegt, auf die Erzeugungsanlage stattfinden kann. Allenfalls kann bei einem Fernheizwerk mit weitverzweigtem Rohrnetz oder bei Kälteanlagen der prozentuale Anteil der Leitungsverluste an der Gesamterzeugung so groß sein, daß durch eine verbesserte Isolierung so große Wärme- bzw. Kältemengen erspart werden, daß damit eine Rückwirkung auf die Erzeugungsanlage stattfindet. Dies sind jedoch seltener vorkommende Fälle, die besonders zu behandeln sind. Als Grundfaktoren der Rechnung waren also die Kapitalkosten und die Betriebskosten genannt.

Die Höhe der Kapitalkosten oder besser des jährlichen Kapitaldienstes wird bestimmt von den Anlagekosten der Isolierung und dem Kapitaldienstfaktor. Letzterer umfaßt die Verzinsung und Amortisation der Isolierung und alle Kosten, die durch ihre Wartung, durch normale laufende Reparaturen usw. entstehen. Die Größe des Faktors schwankt im Durchschnitt zwischen 0,2 und 0,4, je nach der veranschlagten Lebensdauer der Isolierung und den besonderen Verhältnissen des Werkes.

* In meiner diesem Buchteil zugrunde liegenden Dissertation „Wirtschaftlichkeitsberechnungen isolierter Rohrleitungen und ihre wärmetechnischen Grundlagen" sind die Wirtschaftlichkeitsberechnungen ausführlicher behandelt. Hier können sie jedoch nur so weit besprochen werden, als sie in den Rahmen dieses Buches hineinpassen.

a) Die Erzeugungskosten der Wärmeverluste.

Die Betriebskosten sind bedingt durch die Wärmeverluste der Rohrleitungen. Sie werden erfaßt einerseits durch deren Erzeugungskosten, solange es sich um reinen Wärmeverlust handelt; andererseits ist bei ihrer Ermittlung die Wertsteigerung zu berücksichtigen, die diese durch zusätzliche Betriebsverluste erleiden. Dieser Fall liegt vor bei Kraftdampfleitungen, wo der Leitungsverlust als Leistungsverlust zu bewerten ist, wo also die reinen Erzeugungskosten noch mit dem Betriebsaufwandfaktor[1] zu multiplizieren sind. Bei der Ermittlung der reinen Erzeugungskosten der verlorenen Kalorien hat man im allgemeinen Fall, daß keine Rückwirkung von der Art des Wärmeschutzes der Rohrleitungen auf die Erzeugungsanlage stattfindet, grundsätzlich zu unterscheiden zwischen festen und beweglichen Kosten der Erzeugung*. Als feste Kosten sind alle die bezeichnet, auf die eine Veränderung des Leitungsverlustes keinen Einfluß hat. Beweglich sind dagegen die Kosten, die sich mit dem Rohrleitungsverlust unmittelbar verändern. Als feste Kosten sind anzusehen

a) die Kapitalkosten der Erzeugungsanlage. Hierunter fallen die Kosten der Verzinsung und Abschreibung (Werterneuerung) der Kessel und Nebenapparate. Diese Kapitalkosten bleiben auch dieselben, wenn man durch eine bessere Isolierung die Wärmeverluste der Rohrleitungen herabsetzt. Denn diese Veränderung im Leitungsverlust ist, auf die Gesamterzeugung bezogen, prozentual so gering und gegenüber anderen Schwankungen, etwa im Belastungsgrad der Kessel, so minimal, daß durch sie keine Änderung der Kapitalkosten eintritt;

b) die Kosten für die Unterhaltung und Instandsetzung der Erzeugungsanlage. Diese Kosten sind bei starkem Betriebe naturgemäß größer als bei schwachem, sie sind aber als unabhängig vom Leitungsverlust zu betrachten. Sie hängen vielfach von Zufälligkeiten ab und sind zudem ihrer Größe nach nicht sehr beträchtlich;

c) die Kosten für die Wartung der Erzeugungsanlage. Diese umfassen die Gehälter und Löhne des Bedienungspersonals. Zur Wartung ist ein Personal von bestimmter Größe erforderlich, dessen Zahl durch selbst größere Schwankungen im Belastungsgrad der Kessel nicht beeinflußt wird. Um so weniger ist seine Verringerung möglich durch Herabsetzung des Wärmeverlustes der Rohrleitungen. Dies trifft zudem um so eher zu, je mehr die Kohlenbeförderung, Kesselbeschickung usw. auf automatischen Betrieb eingestellt ist;

d) die Leerlaufkosten der Erzeugung. Darunter sind zu verstehen die Kosten, die dadurch entstehen, daß die Kessel auch während der Betriebspausen unter Feuer gehalten werden müssen. Aus der Art dieser Kosten ergibt sich von selbst, daß sie vollkommen unabhängig sind von der Größe der Rohrleitungsverluste und daher in bezug auf diese als feste Kosten gelten müssen.

Als bewegliche Kosten der Erzeugung sind anzusehen die Brennstoffkosten und die, welche unmittelbar damit zusammenhängen, also die Kosten der Fracht und Anfuhr zum Kesselhaus sowie der Ascheabfuhr. Sie sind zweifellos von der Größe der Wärmeerzeugung direkt abhängig und werden deshalb auch von der Höhe des Rohrleitungsverlustes bedingt.

Aus dieser Differenzierung der Erzeugungskosten ergibt sich ohne weiteres, wie man diese bei der Wirtschaftlichkeitsberechnung einer Rohrisolierung anzusetzen hat, d. h. wie der Wärmeverlust zu bewerten ist. Verringert man durch eine gute und starke Isolierung den Leitungsverlust, so erspart man die beweglichen Kosten, also die Kosten der dieser Wärmeersparnis äquivalenten Brennstoffmenge loko Kesselhaus, aber auch nur diese einzig und allein, da ja die festen Kosten durch diese Verringerung des Leitungsverlustes nicht auch verringert werden. Es ist also unstatthaft, diese Ersparnis bei der Bewertung mit dem Unkostenfaktor der festen Kosten oder gar dem Generalunkostenzuschlag des Werkes zu multiplizieren. Bei der Ermittlung der wirtschaftlichsten Isolier-

* Siehe auch analog Literaturangabe 9, Seite 236.

stärke wird dieser Fehler insofern verhängnisvoll, als er faktisch eine zu große Isolierstärke als die wirtschaftlichste angibt, weil die mit steigender Isolierstärke stark anwachsenden Anlagekosten nur durch diese zu hohe Bewertung der Ersparnis im Leitungsverlust als noch wirtschaftlich hingestellt werden. In Wirklichkeit ist dies aber eine unnütze Kapitalinvestierung, die durch die tatsächliche Ersparnis nicht gerechtfertigt ist, weil eben die wirtschaftlichste Isolierstärke überschritten ist.

Zur Bestimmung der absoluten Wärme- bzw. Kältekosten ist natürlich der Zuschlag der festen Kosten vorzunehmen. Bei der Feststellung der wirtschaftlichsten Isolierstärke, etwa nach dem graphischen Verfahren von Gerbel, sind dagegen als Betriebskosten nur die beweglichen Kosten der Erzeugung einzutragen, da sich nur diese mit der Isolierstärke bzw. dem Wärmeverlust ändern. Es kommt ja nicht auf die absolute Höhe, sondern nur auf den Verlauf der Kurven an. Ein Wirtschaftlichkeitsvergleich mehrerer Isoliermittel ist ebenfalls möglich, da sich der Vergleich nur auf die Unterschiede im Wärmeverlust und auf die Anlagekosten der Isolierungen bezieht.

Die wirtschaftlichste Isolierungsart und -stärke hängt nun von einer ganzen Anzahl Faktoren ab, wie Rohrdurchmesser, Temperatur und Verwendungszweck des Wärmeträgers, Wert der verlorenen Kalorien, physikalische Eigenschaften der Isoliermittel, deren Anlagekosten und Kapitaldienstfaktor und schließlich die Betriebsart.

Diese Faktoren sind an sich selbst wie auch in ihrer Beziehung zueinander recht willkürlich. Ihr Einfluß auf die wirtschaftlichste Dimensionierung einer Isolierung ist schon verschiedentlich untersucht worden. Es kann hier deshalb auf die entsprechenden Arbeiten[1] der einschlägigen Literatur verwiesen werden. Hier möge nur noch kurz auf die Betriebsart, und zwar speziell auf die periodische Betriebsweise, eingegangen werden, um die Erkenntnisse zu zeigen, die auf Grund der in diesem Buche gebrachten Erfassung der Leitungsverluste periodisch betriebener Anlagen für die Wirtschaftlichkeit einer Isolierung bei dieser Betriebsweise gewonnen wurden.

b) Einfluß der periodischen Betriebsart auf die wirtschaftlichste Isolierung und ihre Gesamtkosten.

Da bei dem periodischen Betriebe isolierter Rohrleitungen zu dem Beharrungsverlust während der eigentlichen Betriebszeit noch der Wärmeverlust durch Auskühlung der im System aufgespeicherten Wärme während der Betriebspause und der verminderte Anheizverlust hinzukommt, sind für die Wahl des Isoliermittels andere Gesichtspunkte maßgebend als beim Dauerbetrieb. Während bei diesem die Wärmekapazität $c \cdot R$ des Isoliermaterials vollkommen belanglos ist, spielt sie hier neben der Wärmeleitzahl λ eine ausschlaggebende Rolle. Denn von der Größe der Wärmekapazität wird die Speicherfähigkeit einer Isolierung vornehmlich bestimmt. Die Speicherwärme isolierter Dampfleitungen kann, wie der Auskühlkoeffizient für die Auskühlzeit $t_a = \infty$ zeigt, selbst bei normalen Verhältnissen bis zum 25fachen des Beharrungsverlustes betragen. Da diese erhebliche Wärmemenge durch die Auskühlung ganz oder zum Teil verlorengeht, ist der Wärmekapazität einer Isolierung hohe Bedeutung zuzumessen. Die spezifische Wärme c der Isoliermittel, die für höhere Temperaturen normalerweise nur in Frage kommen, bewegt sich zwischen 0,2 und 0,24 kcal/kg, °C, also in ziemlich engen Grenzen. Deshalb spielt das Raumgewicht, das sich bis zu 400% verändern kann, die ausschlaggebende Rolle auf die Größe der Wärmekapazität. Da nun die Isoliermittel mit kleiner Wärmeleitzahl auch meist ein kleines Raumgewicht aufzuweisen haben, werden die guten Isoliermittel infolge dieser physikalischen Verflechtung für den periodischen Betrieb erst recht bedeutungsvoll. Beim Dauerbetrieb vermag ein schlechtes Isoliermittel mit einem guten in wirtschaftlicher Hinsicht zu konkurrieren, da es infolge billigerer Anlagekosten durch größere Isolierstärken die gleiche Wirtschaftlichkeit erzielen kann. Für die periodische Betriebsweise wird jedoch das bessere Isoliermittel unbedingt überlegen sein, weil die Auskühlverluste der starken und schlechteren Isolierung erheblich höher sind als bei der guten Isolierung. Aus dem Vergleich der folgenden beiden Isoliermittel ist dies im einzelnen näher zu ersehen. Die Rechnung bezieht sich auf folgende Verhältnisse:

Rohrdurchmesser	= 82,5/89 mm;		
Temperaturdifferenz $(\vartheta_i - \vartheta_e)$	= 350° C;		
Lage der Leitung	= Innenraum;		
Wärmeträger	= Heißdampf;		
Dampfpreis an beweglichen Erzeugungskosten	= 4 Mk/10^6 kcal;		
Zuschlag für die festen Erzeugungskosten	= 75 %;		
Isoliermittel:	I.	II.	
Wärmeleitzahl λ	0,05	0,075	kcal/m, h, ° C;
Wärmekapazität $c \cdot R$	40	120	kcal/m³, ° C;
Anlagekosten bei $\delta = 40$ mm	12	6	Mk/m²;
Preissteigerung/$\delta = 10$ mm	1,0	0,8	Mk/10 mm, 1 m²;
Kapitaldienstfaktor	0,3	0,2.	

Das Isoliermittel I stellt ein für den Dauerbetrieb wie auch für den periodischen Betrieb hochwertiges Material dar. Es ist dementsprechend auch verhältnismäßig teuer. Das Isoliermittel II, etwa eine Aufstrichmasse, hat zwar eine gute Wärmeleitzahl, dagegen aber ein hohes Raumgewicht.

1. Für den Dauerbetrieb, $t_b = 8760$ st gerechnet, ergeben sich folgende Werte.

Isoliermittel:	I.	II.	
Wirtschaftlichste Isolierstärke	55	100	mm
Jährl. Kapitalkosten	2,52	1,96	Mk/m, Jahr
Jährl. Betriebskosten	7,64	8,00	„
Jährl. Gesamtkosten	10,16	9,96	„

Das Isoliermittel II vermag infolge seiner geringeren Anlagekosten durch eine bedeutend stärkere Isolierung eine noch etwas bessere Wirtschaftlichkeit zu erzielen als das gute Isoliermittel I. Gegen die hohe Isolierstärke ist wärmetechnisch nichts einzuwenden, da ja nur der stationäre Wärmeverlust in Frage kommt.

2. Für einen periodischen Betrieb mit einer täglichen Arbeitszeit von 8 st an 300 Arbeitstagen des Jahres, also $t_b = 8$; $t_a = 16$; $n = 300$:

Isoliermittel:	I.	II.	
Wirtschaftlichste Isolierstärke	30	40	mm
Jährl. Kapitalkosten	1,53	0,64	Mk/m, Jahr
Jährl. Betriebskosten	3,71	4,81	„
Jährl. Gesamtkosten	5,24	5,45	„

Die wirtschaftlichste Isolierstärke hat um 25 bzw. 60 mm abgenommen. Die Isolierstärken werden also für den periodischen Betrieb kleiner, und zwar um so mehr, je kürzer die Arbeitszeit und je größer der Auskühlverlust ist.

Hier zeigt sich nun die wirtschaftliche Überlegenheit eines guten Isoliermittels für den periodischen Betrieb. Obwohl das Isoliermittel II durch die Verminderung der Betriebszeit allein noch um 15% wirtschaftlicher würde, ergibt das Isoliermittel I doch um 4% geringere Gesamtkosten, weil es einen bedeutend kleineren Auskühlverlust hat als das schlechtere Isoliermaterial. Der Unterschied wird noch klarer, wenn man nur die Betriebsverluste und deren Kosten in Betracht zieht, die stets allein ausschlaggebend sind, wenn es nicht nur auf reine Wirtschaftlichkeit ankommt, sondern der Wärmeschutz besondere betriebstechnische Forderungen zu erfüllen hat. Dafür zeigt sich erst recht die Überlegenheit des guten Isoliermaterials. Die Betriebskosten sind im Falle II um stark 30% größer als im Falle I. Dementsprechend wird auch die Mehrbelastung der Arbeitsstunde im Falle II empfindlich höher. Für eine Leitungslänge von 500 m gerechnet, wird die Arbeitsstundenbelastung durch die Betriebskosten:

bei dem Isoliermittel:	I.	II.	
für den Dauerbetrieb	0,436	0,457	Mk/Jahr
für den periodischen Betrieb	0,772	1,00	„
prozentuale Steigerung	77	119	%.

Die prozentuale Mehrbelastung ist also im Falle II um stark 40% größer als im Falle I. Während die Ersparnis pro Arbeitsstunde des guten Isoliermittels im Dauerbetrieb nur

0,021 Mk/Jahr beträgt, ist sie bei dem periodischen Betrieb um das 10fache größer, nämlich 0,228 Mk/Jahr. Die Ersparnis pro Arbeitsstunde einer guten Isolierung kann also gegenüber einer anderen beim periodischen Betriebe ein Mehrfaches der Ersparnis beim Dauerbetrieb sein.

Um den Einfluß der Auskühlung und des verminderten Anheizverlustes allein auf die wirtschaftlichste Isolierstärke und auf die Betriebs- und Gesamtkosten erkennen zu können, seien beide Fälle nur für die verminderte Betriebszeit von 8 · 300 = 2400 st/Jahr als durchgehenden Betrieb berechnet. Es ergibt sich:

Isoliermittel	I.	II.
Wirtschaftlichste Stärke	33	54 mm
Jährl. Kapitalkosten	1,64	0,89 Mk/m, Jahr
Jährl. Betriebskosten	2,92	3,04 „
Jährl. Gesamtkosten	4,56	3,93 „

Das Isoliermittel II wird durch die Verminderung der Betriebszeit allein um 15% wirtschaftlicher. Der große Auskühlverlust macht dagegen diesen Vorteil wieder zunichte. Die prozentuale Steigerung der Betriebskosten durch die Auskühlung, vermindert um die Wärmeersparnis während der Anheizung, beträgt im Falle I = 20%, im Falle II dagegen 60%. Die Auskühlung ist also an dem Wärmeverlust einer Betriebsperiode ganz erheblich beteiligt, was man auch ohne weiteres aus der Höhe des Auskühlkoeffizienten ersehen kann. Deshalb ist der Auskühlverlust bei der Ermittlung der Betriebsverluste der Rohrleitungen im periodischen Betriebe etwa zur Aufstellung einer Wärmebilanz wie auch für den Wirtschaftlichkeitsvergleich mehrerer Isoliermittel unbedingt zu berücksichtigen.

Eine andere Frage ist es, ob die Auskühlung und Anheizung bei der Ermittlung der wirtschaftlichen Isolierstärke stets berücksichtigt werden muß, oder ob die Zugrundelegung der verminderten Betriebszeit allein genügt; denn bei unserem Beispiel zeigte es sich, daß die wirtschaftlichste Stärke bei dem Isoliermittel I nach beiden Berechnungsarten fast gleich groß, nämlich 30 bzw. 33 mm ist. Für das Material II aber ergibt die genaue Rechnung eine wirtschaftliche Stärke von 40 mm, wogegen diese nur für die verkürzte Betriebszeit gerechnet 54 mm, also um 35% größer wird. Die Wirtschaftlichkeit der Isolierung wird zwar dabei nur um stark 1% schlechter, jedoch gibt die Vergrößerung der Kapitalinvestierung, die über 40% beträgt, zu Bedenken Anlaß.

Es ist nicht möglich, die genauen Grenzen festzulegen, wann die wirklichen Verhältnisse zur Bestimmung der wirtschaftlichsten Stärke zu berücksichtigen sind. Dies ist auch nicht nötig, da mit der bequemen Erfassung der Auskühlung und Anheizung die genaue Berechnung nicht viel mehr Arbeit erfordert als die Berechnung für die verkürzte Betriebszeit allein, zumal man zur Ermittlung der Gesamtkosten ja stets die Auskühlung und Anheizung zu berücksichtigen hat. Nach obigem Beispiel und der allgemeinen Überlegung kann man sagen, daß die genaue Berechnung um so mehr erforderlich ist, je größer und teurer der Auskühlverlust und je billiger die Isolierung ist. Da nun für die Größe des jährlichen Auskühlverlustes die Anzahl der Betriebsunterbrechungen weit ausschlaggebender ist als die Auskühlzeit selbst, wird bei wöchentlich einmaliger Stillegung des Betriebes die Steigerung der Betriebskosten durch die Auskühlung zu gering sein, als daß dadurch eine nennenswerte Verkleinerung der für die verkürzte Betriebszeit berechneten wirtschaftlichsten Stärke eintreten kann.

Für die tägliche Betriebsperiode ist die genaue Berechnung um so mehr erforderlich,

je größer die Wärmekapazität des Isoliermittels, die Auskühlzeit, Temperaturdifferenz und Wärmepreis sind, und

je kleiner der Rohrdurchmesser, die Anlagekosten der Isolierung und der Kapitaldienstfaktor sind.

Für die Wahl und Bemessung der wirtschaftlichen Isolierung von Rohrleitungen des periodischen Betriebes lassen sich kurz zusammengefaßt folgende Richtlinien aufstellen.

1. Die Isolierstärken werden gegenüber dem Dauerbetrieb kleiner, und zwar um so mehr, je kürzer die Betriebszeit und je größer der Auskühlverlust ist.

2. Die guten Isoliermittel gewinnen an Bedeutung und sind um so mehr wirtschaftlich überlegen, je kleiner ihr Raumgewicht und ihre Wärmeleitzahl ist.

3. Die Anheizung und Auskühlung ist zur Bestimmung der Betriebs- und Gesamtkosten einer Isolierung wie auch für den Wirtschaftlichkeitsvergleich mehrerer Isoliermittel stets zu berücksichtigen.

4. Die wirtschaftlichste Isolierstärke kann bei wöchentlich einmaliger Betriebsunterbrechung unter Zugrundelegung der verminderten Betriebszeit allein berechnet werden. Bei der täglichen Periode nur dann, wenn die Kosten des Auskühlverlustes gering sind im Verhältnis zu den Kosten der Isolierung.

Verzeichnis der Abkürzungen.

Abkurzung	Nahere Bezeichnung	Dimension
r_0	Innerer Rohrhalbmesser	m
r_i	Äußerer Rohrhalbmesser = Innerer Isolierhalbmesser	m
r_a	Äußerer Isolierhalbmesser = $r_i + \delta$	m
d	Rohrdurchmesser	m
δ	Isolierstärke	m
λ	Wärmeleitzahl	kcal/m, h, °C
R	Raumgewicht } des Isoliermittels	kg/m³
c	Spez. Wärme	kcal/kg, °C
α_a	Wärmeübergangszahl an der äußeren Isolieroberfläche	kcal/m², h, °C
α_i	Wärmeübergangszahl an der inneren Rohrwand	kcal/m², h, °C
$\tau_a\delta$	Überleitverhältnis $= \frac{\alpha_a}{\lambda} \cdot \delta$	—
$\sigma\delta$	Reziprokes Zuflußverhältnis	—
ϑ_k	Temperatur des Wärmeträgerkerns	°C
ϑ_i	Temperatur der inneren Isolieroberfläche	°C
ϑ_a	Temperatur der äußeren Isolieroberfläche	°C
ϑ_e	Temperatur der umgebenden Luft	°C
t_b	Betriebszeit	st
t_a	Auskühlzeit	st
t_r	Rechnungsmäßige Anheizzeit	st
t_ϑ	Auskühlkoeffizient	st
t_u	Zeit der Umlagerung der Temperaturverteilung	st
$Q_0^{t_a}$	Auskühlverlust	kcal/m
q_{st}	Beharrungsverlust im stationären Zustand	kcal/m, h
W_{st}	Gesamtspeicherwärme im stationären Zustand	kcal/m
W_{Is}	Speicherwärme der Isolierung	kcal/m
W_E	Speicherwärme des Eisenrohres	kcal/m
W_k	Speicherwärme des Wärmeträgerkerns	kcal/m

Literaturverzeichnis.

1. Cammerer, J. S.: Der Wärme- und Kälteschutz in der Industrie. Berlin: Julius Springer 1928.
2. Cammerer, J. S.: Wirtschaftlichste Isolierstärke bei Wärme- und Kälteschutzanlagen und Wärmeabgabe isolierter Rohre bei unterbrochener Betriebsweise. Berlin: Industrieverlag von Hernhaussen. A.G. 1928.
3. Jahnke u. Emde: Funktionentafeln mit Formeln und Kurven. Mathematisch-Physikal. Schriften. Leipzig 1909.
4. Nusselt, W.: Hütte I, 24. Aufl., S. 459.
5. Schmidt, E.: Wärmestrahlung technischer Oberflächen bei gewöhnlicher Temperatur. Beiheft 20 zum Gesundheitsingenieur. München: R. Oldenbourg 1927.
6. Heft 2 der Mitteilungen aus dem Forschungsheim für Wärmeschutz. München 1922.
7. Hayashi, R.: Fünfstellige Tafeln der Kreis- und Hyperbelfunktionen sowie der Funktionen e^x und e^{-x} mit den natürlichen Zahlen als Argument. Berlin und Leipzig: Vereinigung wissensch. Verleger 1921.
8. Gerbel, M.: Die wirtschaftlichste Stärke einer Isolierung. V. d. I. 1921.
9. Heidebroek, E.: Industriebetriebslehre. Berlin: Julius Springer 1923.

Additional material from *Die Berechnung der Anheizung und Auskühlung ebener und zylindrischer Wände (Häuser und Rohrleitungen)*,
ISBN 978-3-662-31437-1, is available at http://extras.springer.com